MANUAL
FOR
INTERIOR
MATERIALS

室内建材应用教程

北京骁毅空间文化发展有限公司 编

華中科技大學出版社
http://www.hustp.com
中国 · 武汉

图书在版编目（CIP）数据

室内建材应用教程 / 北京骁毅空间文化发展有限公司编. -- 武汉：华中科技大学出版社，2019.9

ISBN 978-7-5680-5231-3

Ⅰ. ①室… Ⅱ. ①北… Ⅲ. ①室内装修－装修材料－教材 Ⅳ. ① TU56

中国版本图书馆 CIP 数据核字 (2019) 第 122626 号

室内建材应用教程

Shinei Jiancai Yingyong Jiaocheng

北京骁毅空间文化发展有限公司 编

出版发行：华中科技大学出版社（中国·武汉）　电话：(027) 81321913

出 版 人：阮海洪

责任编辑：康　晨

封面设计：骁毅文化

印　　刷：深圳市雅佳图印刷有限公司

开　　本：889mm × 1194mm 1/32

印　　张：16

字　　数：400 千字

版　　次：2019 年 9 月第 1 版第 1 次印刷

定　　价：258.00 元

華中出版

Preface 前言

建材是室内设计的基础和支撑，没有建材，一切设计都是空谈。它是一个具有一定专业限制性的问题，包含庞杂的内容，是一门极其复杂的科学，掌握建材的方方面面是室内设计师的必备素养之一，也是设计成功与否的关键。但实际上，多数设计师仅做到了解建材的基础知识，而不了解其施工和设计运用等方面的内容。

本书由“理想·宅 Ideal Home”倾力打造，书中内容全面整合了室内建材，从庞大的建材清单中选取出了较常用的品类，按照它们之间的共性划分为 13 个章节，共计 50 多种建材。从分类、特性等基础知识开始，深化到设计和施工等应用方面的内容，用最简洁的文字表述方式，对它们进行了详细的剖析。打破了以往建材书单一的基础知识模式，实现了理论和实践的结合，力求帮助读者深度了解建材全方位的内容和运用技巧。

同时书中还搭配了大量优秀设计师精美的设计案例图片，辅以文字讲解，使读者可以直观地感受到，建材的选用并不是越贵、越浮华越好，而是要通过设计师的巧思进行设计整合，才能呈现出意想不到的效果。

目录

Contents

第一章
涂料
乳胶漆 / 004
硅藻泥 / 012
艺术涂料 / 020
马来漆 / 028

第二章
石材
大理石 / 040
玉石 / 048
人造石 / 056
文化石 / 064

第三章
瓷砖
玻化砖 / 076
釉面砖 / 084
仿古砖 / 092
微晶石 / 100
水泥砖 / 108
马赛克 / 116

第四章
玻璃
烤漆玻璃 / 128
喷砂玻璃 / 136
艺术玻璃 / 144
镜面玻璃 / 152
空心玻璃砖 / 160

第五章
木料
木皮 / 172
软木 / 180
二手木 / 188

第六章
地面材料
实木地板 / 200
竹地板 / 208
复合 / 强化地板 / 216
亚麻地板 / 224
PVC 地板 / 232
水泥地坪 / 240
地毯 / 248

第七章

吊顶材料

石膏板 / 260
矿棉板 / 270
金属吊顶 / 276
软膜顶棚 / 284

第八章

裱糊材料

合成壁纸 / 296
纯纸壁纸 / 304
手绘壁纸 / 312
墙布 / 320

第九章

饰面板材

薄木贴面板 / 332
护墙板 / 340
防火板 / 348
UV 板 / 356
椰壳板 / 364
水泥板 / 370

第十章

布艺和皮革

布艺 / 382
天然皮革 / 390
人造皮革 / 398

第十一章

结构板材

细木工板 / 410
指接板 / 418
欧松板 / 426
三聚氰胺板 / 434

第十二章

门窗

装饰门 / 446
推拉门 / 454
折叠门 / 462
装饰窗 / 470

第十三章

洁具和五金

洁具 / 482
功能性 / 装饰性五金 / 490
卫浴五金 / 498

第一章
涂料

乳胶漆

硅藻泥

艺术涂料

马来漆

涂料是以树脂、油、乳液为主，添加或不添加颜料、填料，添加相应助剂，用有机溶剂或水配制而成的黏稠液体。

涂料属于饰面材料的一种，它施工简单，装饰效果出色，翻新容易，在室内设计中运用的频率非常高。

涂料根据装饰性的不同可分为三种类型：基础涂料、环保涂料和艺术涂料。

基础涂料 最早的涂料品种，代表是乳胶漆，使用频率高，色彩多样，是室内装饰工程必备主材之一。

环保涂料 此类涂料装饰效果自然，具有净化空气、调节湿度、除臭等功能，但在维护方面略费力。

艺术涂料 具有丰富的肌理，根据使用工具和施工手法的不同，可以任意发挥想象力进行设计组合。

乳胶漆

乳胶漆是乳胶涂料的俗称，是以丙烯酸酯共聚乳液为代表的一大类合成树脂乳液涂料。它属于水性涂料，漆膜性能比溶剂型涂料好，且溶剂型涂料的毒性问题已被彻底解决。

市场价格 | 连工带料价格为 25~70 元 / 平方米。

材料性能

乳胶漆具有与传统墙面涂料不同的众多优点，具体如下：

· **干燥速度快。**在 25 摄氏度时，20 分钟左右就可以完全干燥，一天可以涂刷 2~3 道。

· **调制方便，易于施工。**可以用水稀释，可刷涂，也可辊涂、喷涂、抹涂、刮涂等，施工工具可用水清洗。墙面施工允许湿度可达 8%~10%，且不影响水泥的继续干燥。

· **耐碱性好。**当涂于碱性新抹灰墙、天棚或混凝土墙面时，不返黏、不易变色。

· **装饰效果好。**色彩多样、明快而柔和，漆膜坚硬，表面平整无光，颜色附着力强。

· **无毒。**即使是在不通风的室内施工，也不会危害身体健康。

材料分类及特点

乳胶漆按照装饰效果可分为亚光漆、丝光漆、有光漆和高光漆四种类型。

名称	例图	特点	适用范围
亚光漆		无毒、无味 较高的遮盖力、良好的耐洗刷性 附着力强、耐碱性好，流平性好	酒店、办公室、售楼处、住宅等
丝光漆		涂膜平整光滑、质感细腻 高遮盖力、强附着 涂膜可洗刷，光泽持久 极佳抗菌及防霉性能 优良的耐水耐碱性能	酒店、餐厅、咖啡厅、售楼处、办公室、住宅等
有光漆		色泽纯正、光泽柔和 漆膜坚韧、附着力强、干燥快 防霉耐水，耐候性强、遮盖力高	高档酒店客房、办公室、住宅等
高光漆		卓越的遮盖力，坚固美观，光亮如瓷 很强的附着力，高防霉抗菌性能 耐洗刷、涂膜耐久且不易剥落 坚韧牢固	高档酒店客房、办公室、住宅等

施工及安装步骤

乳胶漆施工流程：

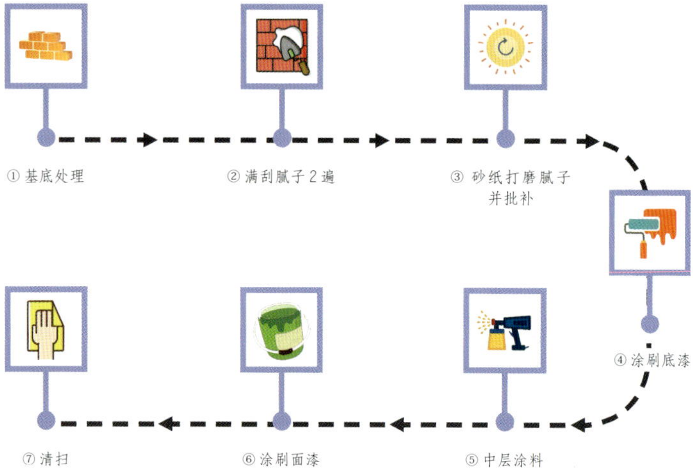

施工要点：

· 两次腻子施工至少应间隔 2 小时。
· 腻子完工后需进行平整度测量，不平会影响效果。
· 使用抗碱底漆可以避免墙面出现返碱现象。
· 第一遍面漆干燥后才能涂刷第二遍面漆。

温馨提示

基底的处理会影响乳胶漆的涂刷效果，对于新旧程度不同的基底，需进行区别对待：

（1）新房：一般只需要用粗砂纸打磨，不需要把原漆层铲除。

（2）旧房：需将漆层和整个腻子批荡铲除，直至见到水泥批荡或者砖层。

施工方式

乳胶漆的施工方式分为喷涂、辊涂和刷涂三种。

喷涂

优点：涂装速度快，漆膜厚度均匀，效果好。

缺点：有粉尘，材料浪费较多，不易修补。

界面：平面、曲面均可。

辊涂

优点：速度快，无漆雾，漆膜厚度均匀。

缺点：如控制不当漆膜易产生辊痕，较浪费材料。

界面：平面。

刷涂

优点：最节省材料。

缺点：易出现刷痕及膜厚不均匀现象，易起泡。

界面：平面、曲面均可。

施工常见问题

起泡

原因：基层处理不当或涂层过厚。

解决：起泡处用砂纸打磨平整，腻子粉修补打磨 1~2 次，刷胶补漆。

透底

原因：涂料过稀、次数不够或材料质量差。

解决：增加面漆的涂刷次数。

返碱掉粉

原因：基层未干燥或漆料过稀。

解决：铲除掉粉部分打磨外表，返工重涂。

落泪

原因：黏度过低，涂层太厚。

解决：漆膜干燥后用细砂纸打磨，再涂刷一遍面漆。

家装经典案例

① 蓝色乳胶漆 ② 黄色乳胶漆 ③ 强化地板 ④ 天蓝色乳胶漆

you're so cool
②
③

④
all you need is sleep!
c'est bon.

公装经典案例

① 白色乳胶漆　② 白色混油漆　③ ④ ⑤ 红色乳胶漆　⑥拼色釉面砖

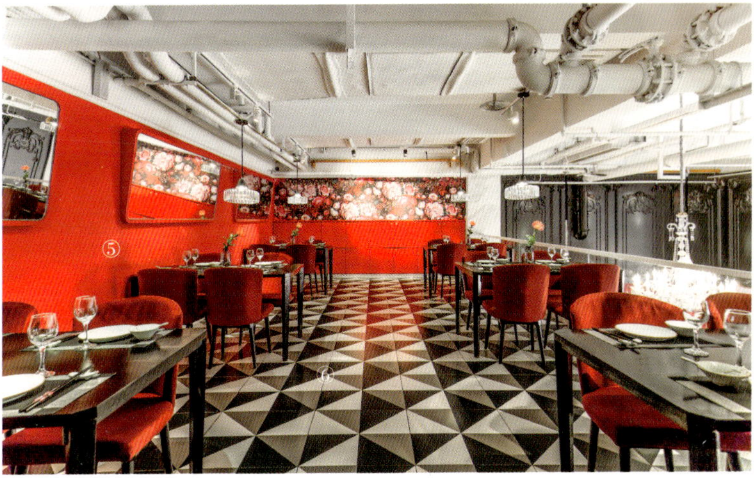

设计须知

· 色板上的颜色和最终涂刷效果可能会有区别，实际效果不仅受光线的影响，还受面积的影响。当涂刷面积较大时，色彩通常会加深，需选择稍浅一些的颜色。

· 人流量较大的室内区域，建议选择具有耐擦洗功效的乳胶漆。

· 超高的室内墙面，上部分不易翻新，建议选择具有耐黄病功效的乳胶漆。

硅藻泥

硅藻泥是一种以硅藻土为主要原材料的内墙环保装饰壁材，本身无任何污染，且在搅拌和施工中也无任何毒害。它具有良好的和易性与可塑性，施工涂抹、图案制作可随意造型，且具有多种功能，是替代壁纸和乳胶漆的室内建材。

市场价格 | 连工带料价格为 100~500 元 / 平方米。

材料性能

硅藻泥具有很多不同于传统壁材的特点，具体如下：

· **净化空气、消除异味。**具有极强的物理吸附性和离子交换功能，可以有效去除空气中的游离甲醛、苯、氨等有害物质以及因宠物、吸烟、垃圾等所产生的气味。

· **调节湿度。**随环境温度的变化，可吸收或释放水汽，自动调节室内湿度，使之平衡。

· **防火、阻燃。**由无机材料组成，不燃烧，即使发生火灾，也不会产生有害烟雾。

· **保温、隔热。**具有非常好的保温隔热作用，效果是同等厚度水泥砂浆的 6 倍。

· **不沾灰尘。**不含任何重金属，不产生静电，不吸附灰尘。

材料分类及特点

硅藻泥按照表面装饰效果可分为质感型、肌理型、艺术型和印花型四种类型。

名称	例图	特点	适用范围
质感型		颗粒较粗 抹平后具有粗糙感 质朴大方、原始	酒店房间、餐厅、咖啡厅、住宅
肌理型		添加一定的粗骨料 用特殊工具做出各种的肌理造型 如祥云、圆环等	酒店、会所、售楼处、餐厅、咖啡厅、住宅
艺术型	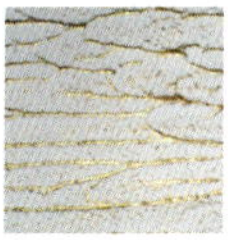	用较细颗粒的硅藻泥做底 而后叠加不同颜色的细颗粒硅藻泥做出图案 艺术氛围浓郁，具有很高的品质感	酒店、会所、售楼处、餐厅、咖啡厅、住宅背景墙
印花型		在基底的基础上 用丝网印做出不同的图案 与壁纸效果类似 不仅适合墙面，还可装饰顶面	酒店房间、住宅

施工及安装步骤

硅藻泥施工流程：

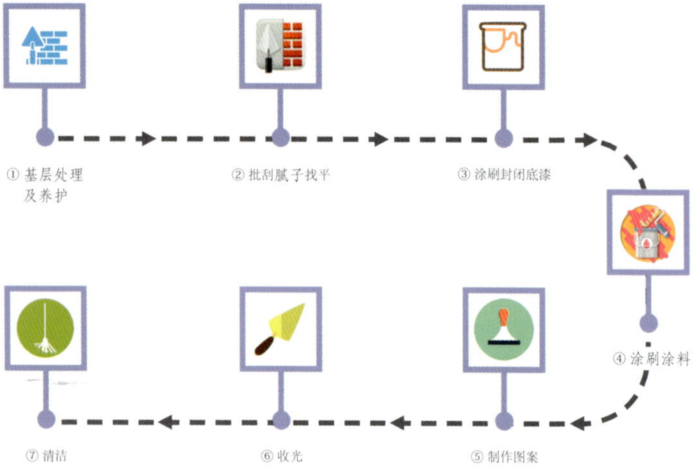

施工要点：

· 硅藻泥不宜在 5 摄氏度以下环境施工。严格按规定比例加清水，并用电动搅拌机充分搅拌。

· 若墙面为石膏板、胶合板等材质的轻体墙，需粘贴一层无纺布、网格布等，再刮腻子。

· 涂料涂刷的第一遍不能抹得太薄或太厚，不露出硅藻泥下面的材质即可。

· 每收光一次，必须用水清洗毛巾，擦掉收光抹刀上的剩料。

温馨提示

平光工法和喷涂工法无须制作图案，在涂刷涂料这一步，处理方式略有不同。

（1）平光工法：使用的主要工具为镘刀，共计需涂刷三遍涂料。

（2）喷涂工法：应遵循“先远后近，先上后下，先里后外”的原则，需喷涂两遍。

施工方式

硅藻泥的施工方式有平光工法、喷涂工法和艺术工法三种。

平光工法

特点：无任何肌理，以平滑效果为主，效果类似乳胶漆。

界面：适合大面积施工。

喷涂工法

特点：用喷枪施工，效率高，肌理单一，多为凹凸肌理。

界面：适合大面积施工。

艺术工法

特点：效果因工具和手法而异，即使使用同一种工具手法也会产生不同的效果，最复杂。

界面：适合背景墙等小面积施工。

施工常见问题

弹点不均匀

原因：喷枪气压不正常、料搅拌时间短或材料加水比例错误。

预防：调整喷枪气压，弹点料要搅拌 15 分钟以上，水配比为 1∶1。

收光面不均匀、掉渣、脱粉

原因：收光方法不对或材料加水比例错误。

预防：正确收光，人字形密收 2~3 遍，与水的配比不能超过 1∶1。

贴图阴刻揭图时图案颜色被带起，或图案卷边

原因：底色层厚度薄或未干透就揭即时贴。

预防：批底色时要稍微厚点儿，干后再上图案，等全干后再揭即时贴。

阳刻周边渗料卷边

原因：抠图后未干透就批图案颜色，或批色后未干透就揭图。

预防：抠图后等八成干或全干后再批图案颜色，等全干后再揭下来。

家装经典案例

① ④ ⑥ 淡蓝色硅藻泥 ② ⑤复合木墙裙 ③ 仿古地砖 ⑦ 白色乳胶漆

④
⑤

⑦
⑥

公装经典案例

①⑤⑦粉色硅藻泥　②白色乳胶漆　③⑧强化地板　④白色硅藻泥　⑥手绘图案

设计须知

- 硅藻泥反光性较弱，不容易产生视觉疲劳，非常适合老人和儿童。
- 除防水硅藻泥，其余硅藻泥均不适合用于直接接触水的区域。
- 硅藻泥不耐磕碰、难修复，不适合人流较大的场所和地面装饰。
- 硅藻泥抗污能力差，若不设置踢脚线，建议仅用于墙面上半部分。

艺术涂料

艺术涂料是一种新型的墙面装饰艺术材料，材料为各种具有艺术表现功能的涂料，结合一些特殊的工具和不同的施工技巧，能够制造出各种纹理的图案。它的肌理感比传统涂料更强，可产生或粗糙或细腻的立体艺术效果。

市场价格 | 连工带料价格为 100~900 元 / 平方米。

材料性能

艺术涂料集乳胶漆和壁纸的优点于一体，其特点如下：

· **环保无毒。**属于水性涂料，涂料中不含苯及其化合物。

· **装饰效果极强。**图案精美，色彩丰富，有层次感和立体感，颜色可任意调配，图案可自行设计，选择多样。

· **综合性能佳。**防水、防尘、阻燃，可洗刷、耐摩擦，色彩历久弥新；防止墙面滋生霉菌，方便二次装修。

· **寿命长。**具正常情况下不起皮、不开裂、不变黄、不褪色，可使用 10 年以上。

材料分类及特点

室内较常用的艺术涂料：板岩漆、金属漆、砂岩漆、裂纹漆、肌理漆等。

名称	例图	特点	适用范围
板岩漆	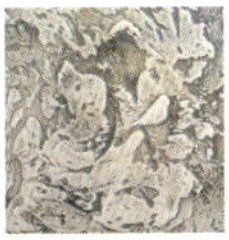	具有板岩石的质感，可任意创作艺术造型呈现各类自然岩石的装饰效果，具有天然石材的表现力 保温、降噪，绿色环保、颜色持久	酒店房间、会所、KTV、售楼处、餐厅包间、办公室、住宅
金属漆		是由高分子乳液、纳米金属材料、纳米助剂等合成的新产品 具有金箔闪闪发光的效果，给人一种金碧辉煌的感觉	酒店、会所、酒吧、KTV、售楼处、餐厅
砂岩漆		可以创造出各种砂壁状的质感，具有天然石材的质感 耐候性佳，密着性强，耐腐蚀、易清洗、防水、纹理清晰流畅	酒店、会所、餐厅、售楼处、住宅背景墙
裂纹漆	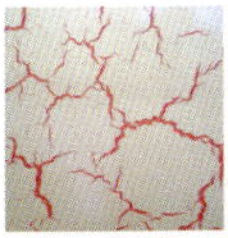	纹理犹如裂纹，花色众多，纹理变化多端，错落有致，具有艺术立体美感	酒店、会所、售楼处、酒吧、KTV、餐厅
肌理漆		具有一定的肌理性，花型自然、随意 异型施工更具优势，可设计出特殊的造型与花纹、花色	酒店、会所、售楼处、酒吧、KTV、餐厅、住宅背景墙

施工及安装步骤

艺术涂料施工流程：

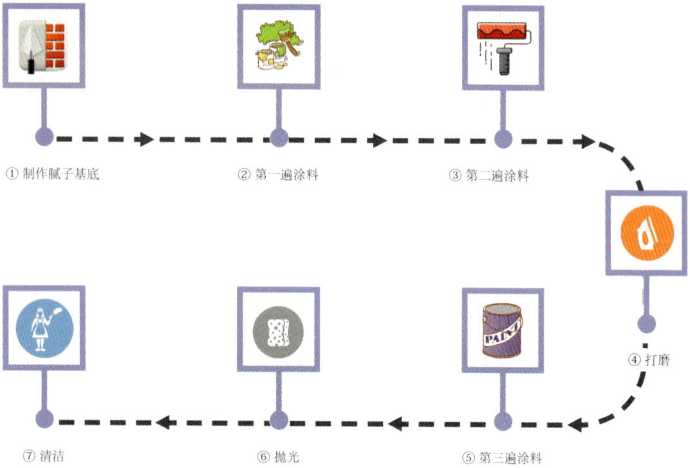

施工要点：

· 按照做高档内墙漆的标准做好墙面的腻子基底，注意应选用高品质的内墙腻子。

· 制作图案时注意每个图案之间要尽量不重叠，每个角度要尽可能错开方向。

· 第二遍涂料完成以后，需用 500 号砂纸轻轻打磨，艺术涂料的光泽是打磨出来的。

温馨提示

艺术涂料在开始施工时，应根据墙面的不同情况采取不同方法进行处理。

（1）未上漆的新墙：保证墙体有 4~8 周养护时间，并充分干燥。

（2）未上漆的旧墙：清除墙面浮尘，滋生的霉菌或苔藓用防霉溶液处理，干燥。

（3）刷过漆的旧墙：漆膜出现龟裂、起泡及剥落时，应将其彻底除去，修补打磨。

施工方式

艺术涂料的施工方式有印章法、刮板法、涂刷法和喷涂法四种。

印章法

工具：带有图案的工具，如棉球。

操作：先将艺术漆调配好，再用带有图案造型的棉球蘸上涂料，涂抹在墙上。

刮板法

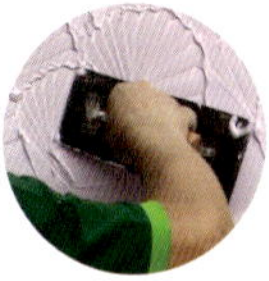

工具：刮板、刮刀。

操作：先用大刷子在墙面上涂抹艺术涂料，然后用特制的刮板轻轻批刮。

涂刷法

工具：滚筒或毛刷。

操作：用普通的滚筒或者毛刷在艺术漆料基面根据喜好涂刷。

喷涂法

工具：喷枪。

操作：用喷枪喷涂料，操作时注意喷枪与墙面的距离，根据喷涂粒的大小适当地加减水。

施工常见问题

漆膜起泡或发花

原因：湿度过高或墙内存在碱性物质。

预防：施工前用仪器测量，墙面含水率应小于 10%、pH 值应小于 10，若大于此数值，应待墙面干燥或碱性物质彻底从墙体内渗出后方可涂装。

涂装后光泽感不强

原因：没有很好地进行抛光。

预防：第二遍图案施工后和第三遍图案施工时，需注意进行打磨和抛光处理。

家装经典案例

①⑥ 茶色硅藻泥　② 白色乳胶漆　③ 茶色仿古地砖　④ 城堡石文化石　⑤ 剑麻地毯

⑤

⑥

公装经典案例

①④⑧淡灰色肌理漆　②碳化木　③⑤⑦青砖　⑥薄木贴面板

设计须知

· 选择艺术涂料的纹理时，宜结合家居风格和房间的面积综合考虑，如简约风格或小面积空间，适合选择纹理低调或色彩素雅的款式。

· 纹理比较夸张的艺术涂料，建议小面积的用在背景墙上，大面积易显得喧闹。

· 艺术涂料的小样和大面积施工效果是有区别的，可先做一部分样板查看效果。

马来漆

马来漆是通过各类批刮工具在墙面上批刮操作后产生各类纹理的一种涂料，其纹理图案类似马蹄印造型，因此被命名为“马来漆”。其漆面光洁有石质效果，质地和手感滑润，是新兴的墙面艺术漆的代表。

市场价格 | 连工带料价格为 100~500 元 / 平方米。

材料性能

马来漆的最显著特征是三维感的花纹，除此，还有诸多优点，具体如下：

· **绿色环保。**由凹凸棒土、丙烯酸乳液等混合而成，属于水性涂料，绿色环保、无污染。

· **装饰效果好。**色彩浓淡相宜，效果华丽富贵，可调制任意颜色或金属色；可在表面加入金银纹批染工艺，渲染出华丽的效果。

· **质感独特。**具有特殊肌理效果和立体釉面效果，质地和纹理犹如玉石。

· **硬度高。**表面漆膜具有很高的强度和硬度，很难出现破损、开裂、深度划伤等问题。

· **综合性能佳。**在使用过程中不褪色、不起皮，耐酸、耐碱、耐擦洗。

材料分类及特点

马来漆根据花纹效果可分为单色、混色、大刀纹、叠影纹、金银纹等。

名称	例图	特点	适用范围
单色		由单一颜色的涂料做出的图案 效果相对来说较朴素 可以代替墙漆或壁纸大面积使用	酒店房间、会所走廊、咖啡厅走廊、酒吧走廊、住宅
混色	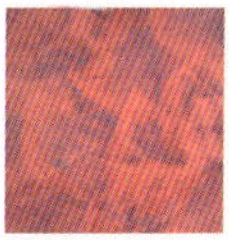	由两种颜色的涂料叠加做出的图案 效果较单色马来漆华丽一些 适合大面积空间或背景墙	会所走廊、咖啡厅走廊、酒吧走廊、KTV、住宅
大刀纹		大块面的纹理叠加产生的图案形状犹如刀片 可以代替墙漆或壁纸大面积使用	会所走廊、咖啡厅走廊、酒吧走廊、KTV、住宅
叠影纹		有方块、半圆、三角等多种纹理样式 图案犹如叠加起来的影子，效果独特、层次丰富 适合大面积空间或背景墙	酒店房间、会所走廊、咖啡厅走廊、酒吧走廊、住宅
金银纹		批涂图案时加入了金银粉或在其他图案的基础上叠加金银线做装饰 效果华丽、富贵 适合大面积空间或背景墙	会所走廊、咖啡厅走廊、酒吧走廊、KTV、住宅

施工及安装步骤

马来漆施工流程：

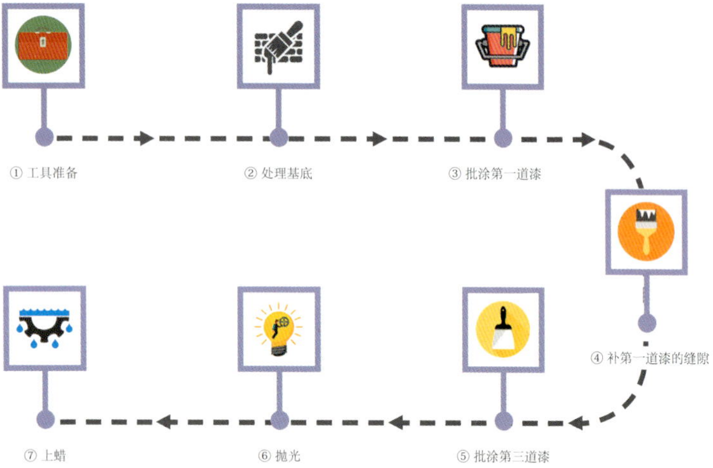

施工要点：

· 马来漆使用前要仔细搅拌均匀，用后要将盖子盖严。

· 有的马来漆在涂刷过程中会导致乳胶漆泛黄，所以要避免马来漆和乳胶漆同时施工。

· 基底批刮腻子完成后，应用 350 号砂纸打磨平整。

·批涂第三道漆时应一边批刮图案一边进行打磨。

温馨提示

马来漆是不用底漆的自封闭涂料，基底状态会影响其涂刷效果及持久度，其要求如下：

（1）强度：合格的基层应当不掉粉，不起砂，无空鼓、起层、开裂和剥离现象。

（2）数值：适合水性涂料施工的基层，含水率应低于 10%、pH 值应小于 10。

施工方式

马来漆的主要施工方式为批涂。

批涂

工具：批刀、抛光不锈钢刀。

操作：用批刀，一刀一刀地在墙面上批刮所需图案，每个图案尽量不要重叠，并且每个图形的角度尽可能朝向不一样，同时，图案与图案之间最好留有半个图案大小的间隙。

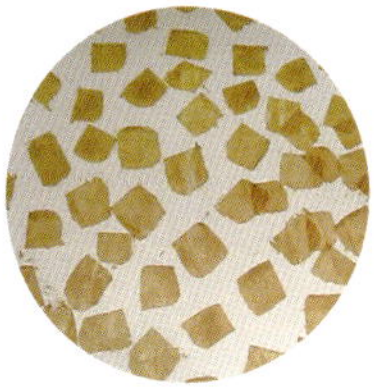

施工常见问题

图案混乱

原因：多人同时施工。

解决：马来漆对施工手法有要求，为了避免图案错乱，建议每个工人用同一种手法，多人分开按照工艺流程施工。

交叉施工被污染

原因：未做好墙面保护或多工种交叉施工。

解决：水性类涂料污染用温水配合洗涤剂轻轻擦拭；油性类涂料污染用棉布蘸漆料轻轻擦拭，基本可以处理干净。

划伤

原因：未做好墙面保护或多工种交叉施工。

解决：轻度划伤可以做抛光处理，将划痕处理到最小；若为深度划伤，应将破损部位直径 20 厘米范围内的漆膜用 600 号砂纸打磨干净，修补底层，面层打磨滑润，重新喷涂亚光罩面层。

家装经典案例

① ③ 马来漆 ② 复合地板 ④ 黑板漆 ⑤ 大理石 ⑥ 合成壁纸

④
mint
NEWS
⑤
③

⑥

公装经典案例

①⑤马来漆　②④白色乳胶漆　③强化地板

设计须知

· 马来漆的花纹可以根据界面的大小进行选择，面积大的部位更适合使用单色漆。

· 设计时，应注意图案的小样板和大面积施工时效果的差异，若不确定最终效果，可现场涂刷一定面积的样板以感受实际涂刷效果。

· 使用较长的时间后，马来漆会略有褪色，所以选择颜色时可略深一度。

2

第二章
石材

大理石
玉石
洞石
人造石
文化石

石材具有多种纹理和丰富的颜色。在现代建筑中，多作为饰面材料使用。

因其具有耐磨、经久耐用的特性，被设计师广泛用于室内各个部位的装饰，包括但不限于墙面、地面、柱子、台面等。

石材根据材料来源的不同，可分为两种类型：天然石材和人造石材。

天然石材 原料为天然石料，较为常用的有大理石、玉石、洞石等。此类石材纹理多样、独特，有上万个品类，最具特点的是，不会存在花纹完全一样的两块板材，个性华丽。

人造石材 由人工合成原料制作的环保型仿石材，是随着科学技术的进步而产生并且还不断改进的一类材料，常用的有人造石和文化石等。它们并不能完全地取代天然石材，需根据具体使用情况来选择。

大理石

大理石是一种用来做建筑装饰材料的石灰岩，颗粒细腻，表面条纹分布较不规则，硬度较低。它经过磨光处理后非常美观，可用于加工成各种型材、板材，用作建筑物的墙面、地面、台面、柱面等。

市场价格 | 连工带料价格为 200 元 / 平方米。

材料性能

大理石耐磨、耐热，深受人们喜爱，其具体特点如下：

· **良好的装饰性。**辐射低且色泽艳丽、色彩丰富，装饰效果华丽、美观。

· **物理性能稳定。**组织缜密，受撞击晶粒脱落后表面不起毛，不影响平面精度，材质稳定，能够保证长期不变形，防锈、防磁、绝缘。

· **加工性能优良。**可锯、可切，可磨光、钻孔、雕刻等。

· **易保养。**不必涂油，不易沾微尘，维护，保养方便简单，使用寿命长。

· **易风化。**长期暴露在室外环境下容易掉色、裂缝和风化，在室外仅能使用 10~20 年。

材料分类及特点

大理石可分为米色系、白色系、灰色系、黄色系、绿色系、红色系、咖啡色、黑色系等，较常用的包括雅士白、西班牙米黄、波斯灰、银白龙、啡网纹等。

名称	例图	特点	适用范围
雅士白		色泽白润如玉，纹路很少 美观而又高雅，属于颜色最白的大理石 能体现出高贵、儒雅的一面 质地偏软，价格高	酒店、会所、售楼处、咖啡厅、酒吧、办公室、KTV、住宅
西班牙米黄		底色为米黄色，有各种色线或红线 花纹有米粒型、白花型等 不含有辐射且色泽艳丽、色彩丰富 耐磨性能良好，不易老化	酒店、会所、售楼处、咖啡厅、酒吧、办公室、KTV、住宅
波斯灰		色调柔和雅致 极具古典美与皇家风范 纹理流畅自然，色泽清润细腻 耐磨性能良好，寿命长	酒店、会所、售楼处、办公室、KTV、住宅
银白龙	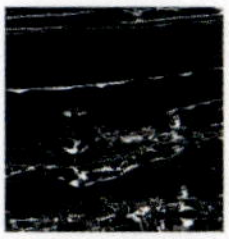	底色为黑色或灰色 黑色是黑底白纹，灰色是暗灰底白纹 纹路如龙形，色彩对比分明 不同板块的颜色、花纹差异性较大	酒店、会所、售楼处、KTV、住宅
啡网纹		底色包括深色、浅色、金色等 纹理浅褐、深褐与丝丝浅白的错综交替，可用来诠释庄重沉稳的风格 安装时反面需要用网，长板易出现裂纹	酒店、会所、售楼处、KTV、住宅

施工及安装步骤

大理石干挂法施工流程：

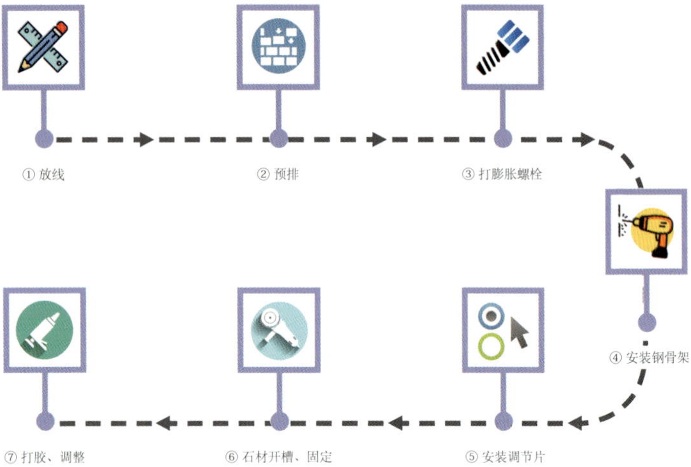

施工要点：

· 放线的位置和尺寸一定要准确。

· 剪力墙可以用膨胀螺栓加预埋铁固定，加气混凝土砌块必须用穿墙螺丝固定。

·角钢的安装，一定要符合石材排版的尺寸；干挂件的长度及质量要控制好。

温馨提示

大理石施工前的防护非常重要，其具体要求如下：

（1）要求：在施工前，需要以涂刷、浸泡等方式将防护剂涂布在大理石表面，最佳方式为六面防护。工序必须在无污染的环境下，将石材平放于木方上进行施工。

（2）时间：需涂刷两次防护剂，时间应间隔 24 小时，涂刷完成后间隔 48 小时后方可使用。

施工方式

大理石的墙面施工方式目前常用的为干挂法和湿贴法。

干挂法

操作：石材基层施工时采用钢骨架，再用不锈钢挂件，将钢骨架与石材连接。

优点：效率高，抗震性好，不会返碱。

缺点：挂件较多，厚度大，造价高。

适用：墙面高度超过 2 米，石材版面分格较大。

湿贴法

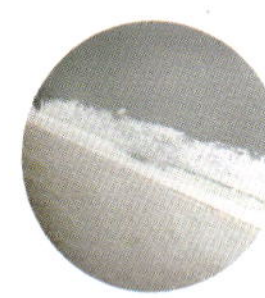

操作：墙面采用加钢筋网片，用铜丝固定石材，而后分层灌注水泥砂浆粘贴。

优点：节省空间、造价低。

缺点：容易返碱、抗震差，易出现空鼓、色差、脱落等质量问题。

适用：成本控制、狭小空间墙面。

干挂法施工常见问题

骨架安装偏差超标

原因：放线、定位不准确。

预防：用水平仪检测，严格控制误差。

平接拼缝处平整度差

原因：前期未对石材的性质作分析，提供解决缺陷的施工工艺。

预防：对施工人员做好交底工作。利用打磨机具在石材切割边处磨边 0.5 毫米，或对石材正面进行倒“V”字形倒斜边。

干挂件不钻孔直接焊在钢架上

原因：预先排列不细，导致原先开好的孔用不上。

预防：在焊接钢架前把开孔的位置排好，一块石材上、下边至少要 2 个固定点，固定点与石材边距离在 15 厘米左右，然后用不锈钢挂架固定在钢架上。

家装经典案例·

①③④⑤⑧ 波斯灰大理石　② 米黄色暗纹壁纸　⑥金色不锈钢　⑦米色壁纸

④
⑤

⑥
⑦
⑧

公装经典案例

①④⑥木纹石　②钨钢　③圣罗兰灰大理石　⑤圣罗兰灰大理石拼花　⑦仿旧强化地板

设计须知

· 大理石质感柔和、美观庄重，格调高雅，较适合宽敞的空间装饰墙面和地面。

· 在大量地使用大理石做装饰时，需要特别注意石材的规格和纹路的走向。

· 运用大板设计背景墙时，可先用大板的高清照片做组合，以检查纹理的衔接是否符合设计效果。

玉石

玉石是指自然界中色彩美观、质地细腻坚韧、色泽典雅，有一定透光度的岩石，在室内设计中有较多的应用并不断在创新，现已成为建筑石材中的一个大的类别。它适用于墙面、地面、洗手台、屏风、电视背景墙等部位的装饰。

市场价格 | 连工带料价格为 1000 元 / 平方米。

材料性能

玉石纹理丰富，效果美观而独特，具有独特的表现力，其具体特点如下：

· **独特性。**作为天然矿物质，每块玉石的图案和纹理都是独一无二的。

· **健康性。**玉石中含有很多人体所需的微量元素，用其装饰室内空间，可以促进人体的微循环，具有保健作用。

· **观赏性。**通过电脑的设计加工，玉石纹理可进行完美拼接，形成壮观的画面。

· **多变性。**除了可以加工成直板外，玉石还可加工成线条、栏杆、柱子及工艺品等。

· **通透性。**玉石具有良好的透光性，还可将其加工成薄片，与灯具组合使用。

材料分类及特点

玉石种类繁多，较为常用的有黄色烟玉、竹节玉、绿玉、英伦玉、玉凤凰等。

名称	例图	特点	适用范围
黄色烟玉		呈米黄色 纹理如漂浮的青烟或白云 具有华丽而妖娆的装饰效果	酒店大堂、会所、售楼处、KTV 大堂、住宅背景墙
竹节玉		呈淡绿色 质地细腻，纹理清晰 可以烘托出生机盎然的氛围，具有自然感	酒店大堂、会所、售楼处、KTV 大堂、住宅背景墙
绿玉		呈青绿色 自然界中比较稀少的玉石品种 质地细腻圆润，透光效果好	酒店大堂、会所、售楼处、KTV 大堂、住宅背景墙
英伦玉		不同深浅的咖啡色与白色交错 为带状条纹，纹理独特、层次分明 效果充满变换感、极具个性	酒店大堂、会所、售楼处、KTV 大堂、住宅背景墙
玉凤凰（金蓝玉）	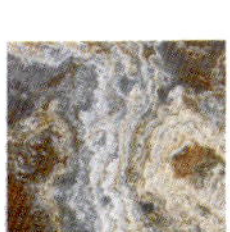	色彩绚烂，白、蓝或红、橙交织 纹路不规则，有的纹路形似凤凰 极具华丽、大气感	酒店大堂、会所、售楼处、KTV 大堂、住宅背景墙

施工及安装步骤

玉石干挂法施工工艺流程：

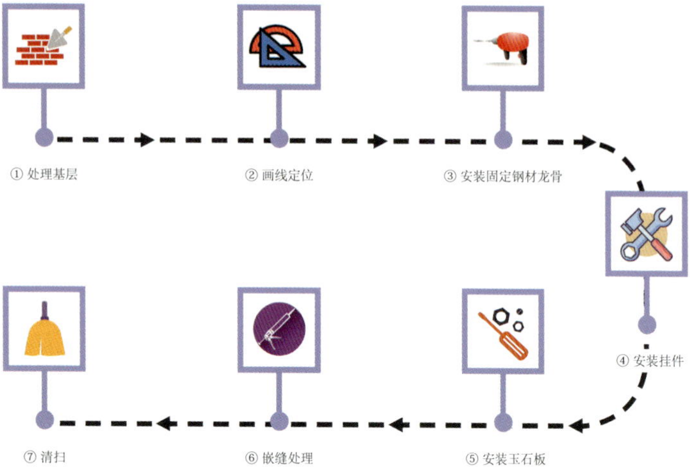

施工要点：

· 基层处理需保证墙面干净、无浮土、浮灰。

· 对厚重的玉石，需使用钢材龙骨来降低石板对墙面的影响，以提高墙面的抗震能力。

·安装玉石板时，需要在每一块石板的四个角上下方切口，口中注入云石胶，而后将连接件的上下卡片插入切口固定。

温馨提示

在玉石施工中，嵌缝处理是影响美观度的重要步骤，应特别注意以下两点：

（1）清理：嵌缝前需先清理干净夹缝中的灰尘杂质。

（2）保护：板材边缘应粘贴胶纸带，且不允许有张口，以防止胶黏剂污染玉石板表面。

施工方式

玉石墙面施工可干挂可湿贴，地面施工多采用干铺法。

干挂法

优点：抗震性能好，背后可安装灯具。

缺点：占用空间多，造价高。

界面：墙面。

湿贴法

优点：节省空间、造价低。

缺点：容易返碱、抗震性能差，易出现空鼓、色差、脱落等质量问题。

界面：墙面。

干铺法

优点：节省工期，平整度佳，不容易出现空鼓、气泡等现象。

缺点：厚度大，对铺装技术要求高。

界面：地面。

干挂法施工常见问题

纹理分布不美观

原因：施工前未进行预排。

预防：小板块有拼纹设计的玉石，在安装前需进行预排。

背光打开后有阴影

原因：骨架位置规划得不正确。

预防：板材的悬挂位置应设计在上沿和下沿，中间部分不应有骨架，否则背光打开时就会出现阴影。

小块板材之间有高低差

原因：施工过程不规范。

预防：划线定位要规范，骨架安装过程中要时刻注意找平。

家装经典案例

① 玉石　②③⑤⑨波斯灰大理石　④⑧银白龙大理石　⑥壁纸　⑦硬包造型

③
④
⑤

⑥
⑦
⑧
⑨

公装经典案例

① 石膏板吊顶　②③ 玉石　④ 大理石拼花　⑤ 夹层玻璃　⑥ 细木工板造型　⑦ 水泥砖

设计须知

· 为达到理想效果，采用玉石装饰背景墙时，应先选好板材，再根据其尺寸进行设计。

· 采用玉石装饰材料时，应充分考虑其透光性，在自然光和背光的作用下，玉石可呈现出不同的效果。

· 若玉石的背后设计有灯光，在基层板上粘贴皱的铝箔，可以使光散发得更均匀。

人造石

人造石通常是指人造石实体面材、人造石英石、人造石岗石等，主要成分为树脂、铝粉、颜料和固化剂等，它是一种新型环保复合材料。相比传统建材，人造石功能更多样，应用范围也更加广泛。

市场价格 | 连工带料价格为 300~700 元 / 平方米。

材料性能

人造石兼具人理石的天然质感和坚固质地，除此，还具有以下特点：

· **色彩丰富。**色彩和图案丰富多样，种类繁多，可选择范围较广。

· **无毒环保。**生产人造石的材料经过筛选，无毒，不含放射性物质，无放射性污染。

· **物理性能佳。**阻燃，抗菌防霉、耐磨、耐冲击。

· **加工方便。**可如硬木一般切割、加工，使用木工设备即可操作；可粘接，且可无缝拼接，可弯曲，可加工各种形状。

· **结构致密。**人造石结构无微孔，液体不能渗入其中，细菌不能再其中生长。

材料分类及特点

人造石按照生产工艺的不同，可分为树脂型、复合型、硅酸盐和烧结型四种类型。

名称	例图	特点	适用范围
树脂型		以不饱和聚酯树脂为胶黏剂制成 光泽好、颜色鲜艳丰富 可加工性强、装饰效果好 为室内装饰用人造石的主要品种	酒店、餐厅、咖啡厅、会所、KTV、售楼处、办公室、住宅等
复合型	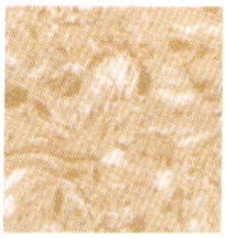	采用复合胶黏剂制成 造价较低，质地较坚挺 受温差影响后聚酯面易产生剥落或开裂	餐厅、咖啡厅、会所、KTV、办公室等
硅酸盐	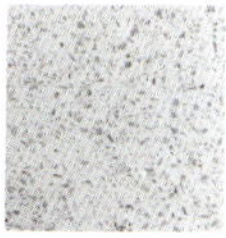	以各种水泥为胶结材料制成 代表性石材为水磨石 生产取材方便，价格低 但装饰性较差	酒店、餐厅、咖啡厅、会所、KTV、售楼处、办公室、住宅等
烧结型		生产方法与陶瓷工艺相似 装饰性好，性能稳定 生产能耗大，造价高	酒店、会所、售楼处、住宅等

施工及安装步骤

人造石墙、地面施工流程:

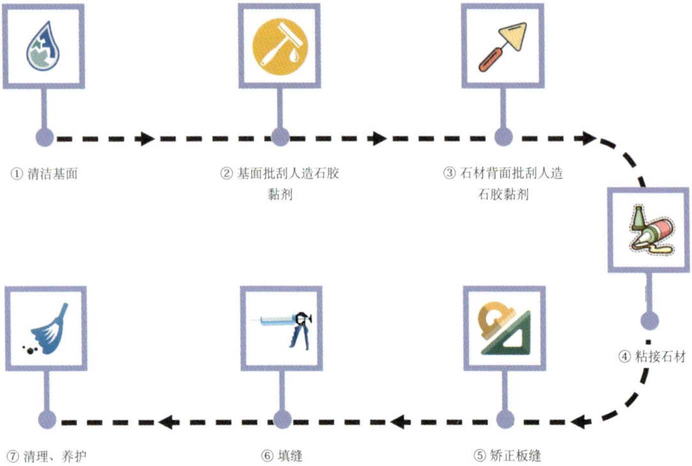

人造石台面施工流程:

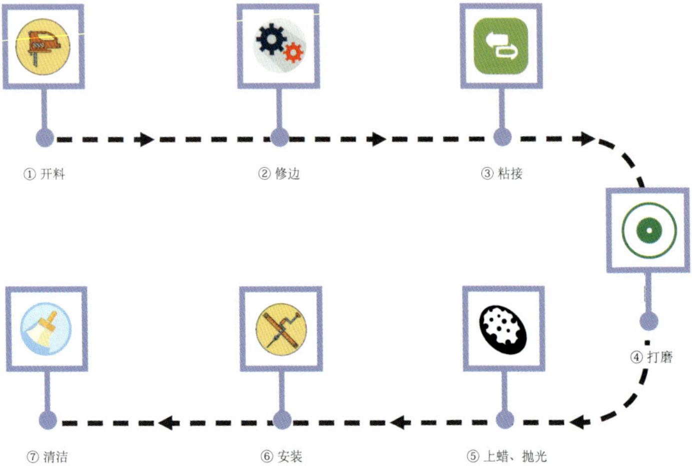

施工要点：

· 人造石墙、地面施工，基面上批刮胶黏剂的厚度应在 3 毫米以上，石材背面上的厚度为 2~3 毫米。

· 粘贴石材的时间应符合胶黏剂的产品使用说明，粘接完成后，需用木锤轻轻敲打至人造石与基面完全贴合。

·墙、地面人造石材铺设完成后，需 14 天后方可进行收缝，让水分充分蒸发。

温馨提示

人造石在施工开始前，应注意以下两点：

（1）基面：施工前必须保证基面结实、平整、无空鼓，干净整洁。

（2）防护：人造石在铺贴之前，必须做好六面防护，表面应做油性防护，其余面做水性防护。

施工常见问题

变形、挠曲、开裂

原因：采用湿铺法施工、没有预留缝隙或铺贴后未固化就上人。

预防：铺贴时用人造石专用胶黏剂，并且板与板之间留 1.5~2 毫米的缝隙；铺贴 72 小时后方可行人。

起鼓（鼓包）

原因：用传统水泥砂浆铺贴人造石或粘结剂质量不佳。

预防：人造石铺贴时，基面应保证干爽，应采用专用胶黏剂而非水泥砂浆铺贴，胶黏剂选择可靠品牌。

发黄、出现黄斑

原因：养护时使用钢丝棉上光，但钢丝棉生锈，铁锈粉污染石材板面，出现发黄现象；或使用了石蜡进行养护。

预防：选用不锈钢材质的钢丝棉上光；选用渗透性养护剂。

家装经典案例

① ③ 白色乳胶漆　② ⑤ 人造石地面　④ 实木推拉门

③
④
⑤

公装经典案例

①黑镜　② 墙壁　③ ⑦ 白色乳胶漆　④ 白色高光漆　⑤ 白色人造石　⑥ 大理石　⑧ 混纺地毯

设计须知

· 作为台面的人造石和装饰地面的人造石，应选择不同成分的类型。

· 当人造石台面采用弧形设计时，应尽量采用树脂含量高的类型。

· 人造石不仅适用于平面造型，还可直接做成无缝立体造型和异形造型，在各类商业与娱乐场所中，选用人造石装饰空间，可使设计效果变化无穷。

文化石

文化石是一种仿照自然石材的外形，以水泥、砂石、陶粒等无机材料，灌入模具制成的装饰建材，成品几乎可以假乱真，它是毛石、鹅卵石等天然石材的环保性代替，可用于建筑外墙或室内局部装饰。

市场价格 | 连工带料价格为 180~300 元 / 平方米。

材料性能

文化石是营造室内空间特色的热门建材，其具体特点如下：

- **绿色环保。**无异味、吸音、防火、隔热、无毒、无污染、无放射性。
- **质轻。**与原石相比，同样规格的情况下，文化石的重量仅为原石的 1/2~1/3，无需额外的墙基进行支撑。
- **施工方便。**切割方便、可随意拼贴，安装简单，安装费用仅为天然石材的 1/3，工期短。
- **经久耐用。**文化石不褪色、耐腐蚀、耐风化，强度高，抗冻与抗渗性好。
- **易清洁。**经防水剂工艺处理，不易黏附灰尘，免维护保养，易清洁。

材料分类及特点

文化石种类繁多，较为常用的有城堡石、层岩石、乱片石、仿砖石和木纹石等。

名称	例图	特点	适用范围
城堡石		外形仿照城堡外墙形态和质感制作 有方形和不规则形两种类型 多为棕色、青灰色和黄色 排列多没有规则，颜色深浅不一	酒店、会所、酒吧、售楼处、餐厅、住宅背景墙
层岩石		最为常见的一种文化石 仿照岩石片层层堆积的形态和质感制作 有灰色、棕色、米白色、米黄色等 排列较规则	酒店、会所、酒吧、售楼处、餐厅、住宅背景墙
乱片石		仿照不规则形状石片的形态和质感制作 形状不规则，无规律 有棕色、灰色、土黄色等 装饰效果个性而古朴	酒店、会所、酒吧、售楼处、餐厅、住宅背景墙
仿砖石		较为常用的一款文化石，价格最低 仿照砖的形态和质感制作 有红砖、黄砖、灰砖、白砖等样式 排列规则、有秩序感	酒店、会所、酒吧、售楼处、餐厅、住宅背景墙
木纹石		表面仿照树皮或内部年轮纹路制作 有棕色、灰色、藕色等色彩 表面凹凸不平，多有桑沧感	酒店、会所、酒吧、售楼处、餐厅、住宅背景墙

施工及安装步骤

文化石施工流程：

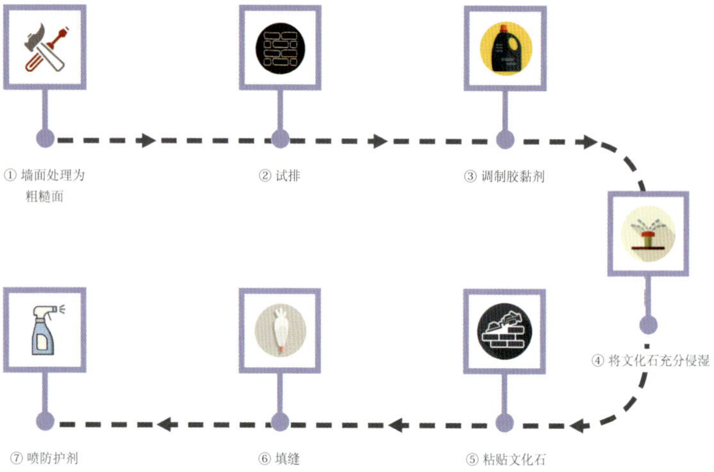

施工要点：

· 贴文化石前需在平地上排列搭配出最佳效果，相近尺寸、形状、颜色的岩石不要相邻。
·胶黏剂需涂抹在文化石底部中央，且要堆起呈山形状。
·粘贴文化石时，有角砖应先从角砖开始铺贴，再将平砖由边缘向墙壁中央铺贴。
·填缝可用勾缝袋装填条风机来操作，注意缝隙的深浅，缝隙越深产品的立体效果越好。

温馨提示

文化石的基底处理影响铺贴的牢固度，需注意以下两点：

（1）普通墙：包括水泥墙、涂料墙等类型，需清理干净后处理成粗糙的表面。
（2）塑料或木质墙：做出粗糙底面，铺一层铁丝网或或网格布，充分保养后再继续施工。

施工方式

文化石施工可分为密贴法和留缝法两种方式。

密贴法

操作：文化石之间完全不留缝隙。

适用：形状较为规则的文化石，如层岩石、木纹石等款式。

留缝法 1

操作：文化石之间留有固定的缝隙。

适用：形状较为规则的文化石，包括各类砖石、莱姆石等。

留缝法 2

操作：文化石之间留有非固定的缝隙。

适用：不规则的文化石，如乱片石、城堡石、鹅卵石等。

施工常见问题

分布不美观

原因：施工前未进行预排，产品取用随机性过强。

预防：开工前进行先调整文化石整体的均衡性和美观性，例如：小块的要放在大块的旁边、厚的旁边放薄的、同色或类似形状的分开排放等。

脱落

原因：墙面没有做粗糙处理或施工墙体基面过干。

预防：基面需先做粗糙处理，而后再继续施工；施工前应确认墙体的水分是否适宜，过干的墙面会吸收砂浆的水分，降低粘接强度。

勾缝不均匀

原因：使用工具不对或刮缝过早。

预防：使用勾缝袋；涂上勾缝剂后过两三个小时再做刮平处理。

家装经典案例

①④⑥薄木贴面板　②水泥砖　③⑤层岩文化石　⑦复合地板

④
③

⑤
⑥
⑦

公装经典案例

①②⑦城堡石　③绿色防火板　④肌理涂料　⑤二手木刷漆　⑥绿色油漆

设计须知

· 文化石可根据室内风格选择款式，如乡村风格可用木纹石、乱片石等，色彩可选红色或黄色系；现代风格则可挑选砖石、层岩石，色彩可选黑、白、灰等色调。

· 在室内空间中，文化石不适合大面积铺贴，一般来说，铺贴面积不宜超过空间总墙面面积的三分之一。

3

第三章
瓷砖

玻化砖
釉面砖
仿古砖
微晶石
水泥砖
马赛克

瓷砖是使用黏土、长石、石英砂等传统陶瓷材料，以及非硅酸盐和非氧化物等新型材料为主要原料，制成的一种耐酸碱的瓷质或石质等材质的建筑或装饰建材。

瓷砖种类繁多，已发展成为室内装饰中最为基础的装饰材料之一，除了可用于装饰室内的墙面、地面，还可用在柱子、台面、垭口等部位。

目前，国内建筑中所使用的瓷砖，可以按照用途、材质、成型方法、品种等进行分类。

用途 瓷砖按照用途分类可以分为内墙砖、外墙砖和地砖等。

材质 瓷砖按照材质分类可分为瓷质砖、半瓷质砖和陶瓷砖。

成型方法 瓷砖按照成型方法可分为干压法、可塑法和注浆法等。

品种 瓷砖按照品种可分为抛光砖、仿古砖、瓷片、全抛釉砖、抛晶砖、微晶石、劈开砖、广场砖等。

玻化砖

玻化砖是瓷质抛光砖的俗称，其表面经过打磨抛光，如玻璃镜面一般光滑透亮，是所有瓷砖中硬度最高的一种，被称为“地砖之王”。抛光砖中吸水率低于0.5% 的都属于玻化砖，吸水率高于 0.5% 的，则仅为抛光砖。

市场价格 | 连工带料价格为 100~500 元 / 平方米。

材料性能

玻化砖的出现解决了普通抛光砖易脏的问题，除此，它还具备以下特点：

· **超耐磨。**玻化砖质地比抛光砖更硬、更耐磨，长久使用也不容易出现表面破损的现象。

· **色彩层次丰富。**色彩艳丽柔和，色差少，色彩层次丰富。

· **性能稳定。**吸水率低，历久弥新，理化性能稳定，耐腐蚀，抗污性强。

· **装饰效果好。**玻化砖为人工产品，其色彩、图案、光泽等都可以人为控制，兼融了欧式和中式风格，具有极佳的装饰效果。

· **可代替石材。**具有天然石材的质感，能将古典与现代兼收并蓄。

材料分类及特点

玻化砖按照制作工艺可分为渗花型砖、微粉砖、多管布料砖和防静电砖等类型。

名称	例图	特点	适用范围
渗花型砖		在坯体表面上一层渗花釉面 经过两次抛光、修边、倒角 再经过一次防污处理制成 工艺简单、性能较普通	办公室、住宅等
微粉砖		在配体表面撒上一层更细的粉料 经过球磨机再次长时间的球磨 将粉料用刮刀刮在坯体上，再次压制，制成品吸水率低、防渗能力强，但花色单一	酒店、餐厅、咖啡厅、售楼处、办公室、住宅等
多管布料砖		生产工艺比较特殊 粉料，很多管料一次下料，压制 花色、纹路自然，可以代替大理石	酒店、餐厅、咖啡厅、KTV、会所、售楼处、办公室、住宅等
防静电砖		比普通玻化砖多了防静电功能 还具有高硬度、高耐磨、平整度高、吸水率低、不发尘等优点	办公室

施工及安装步骤

玻化砖施工流程:

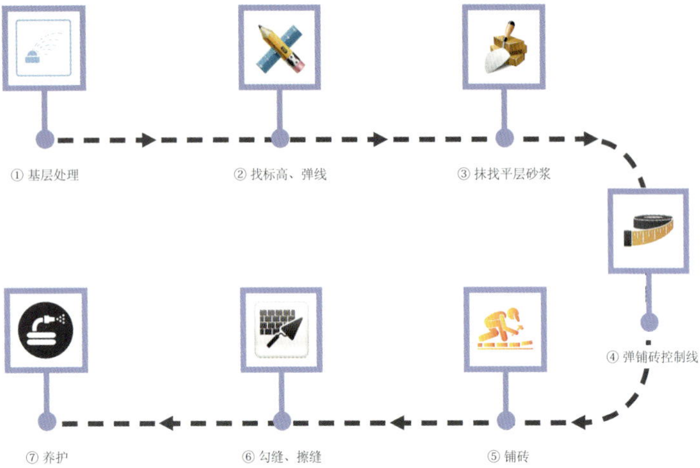

施工要点:

· 铺贴前检查是否已经打过蜡，如果没有，需要打蜡后铺贴，完工后蜡层需进行打磨。

· 弹铺砖控制线时，应根据设计要求和砖的规格确定铺贴的缝隙宽度；无设计规定时，紧密铺贴的缝隙宽度不宜大于 1 毫米，伸缩缝铺贴的缝隙宽度宜为 10 毫米。

· 铺砖时，应从门口开始，纵向线铺 2~3 行砖，以此为标筋拉纵横水平线。

温馨提示

玻化砖铺贴后的养护非常重要，应注意以下事项：

玻化砖铺贴完成后 24 小时内禁止上人；铺贴完 12 小时后在玻化砖上洒水养护 2 天，养护过后进行勾缝处理；勾缝完成后需再养护 2 天。

施工方式

玻化砖施工可分为水泥砂浆铺贴法和胶粘法两种方式。

水泥砂浆铺贴法

操作：用水泥砂浆铺贴玻化砖。

界面：地面。

胶粘法

操作：用玻化砖背胶结合专用胶黏剂来取代湿贴法铺贴玻化砖，能最大程度地保证铺贴面不空鼓。

界面：墙面、地面。

施工常见问题

板块空鼓

原因：基层处理不干净或结合不牢；基层干燥，水泥砂浆不均匀；结合层砂浆未压实。

预防：基层应彻底处理干净，并用水冲洗，晾晒至没有积水为止；铺砂浆前先润湿基层，水泥砂浆刷匀后随即就铺结合层；结合层的砂浆应拍实、揉平、搓毛。

分格缝不匀、不直

原因：施工前没有认真核对图纸尺寸，实际施工时，没进行分段分块弹线，排砖不细。

预防：施工前仔细核对图纸与实际的尺寸，分段分块弹线、排砖应细致、仔细。

铺贴边缘出现大小头

原因：材料尺寸控制不够严格，放线时尺寸不方正。

预防：施工前严格检查材料质量，放线时尺寸应保证方正。

板块有色差

原因：材料进场验收不严，施工前没有预铺或预铺不仔细。

预防：加强材料进场验收；施工前仔细预铺，去除色差大的板块。

家装经典案例

① 镂空实木造型　② 淡绿色乳胶漆　③ 浅茶色玻化砖　④ 淡绿色乳胶漆　⑤ 白色玻化砖
⑥ 蓝色乳胶漆　⑦ 手绘壁纸

④
⑤

⑥
⑦

公装经典案例

① 白色玻化砖　② 薄木贴面板　③ 石膏板喷白色乳胶漆　④ 金属喷漆　⑤ 强化地板
⑥ 夹板造型薄木贴面板饰面　⑦ 地毯

设计须知

· 玻化砖适合用在除洗手间、厨房以外的多数室内空间中。

· 面积较小的空间，非常适合使用浅色系、少纹理的玻化砖装饰地面，能够提升空间的质感并增加开阔感。

· 在大面积的空间中使用玻化砖，可以选择花色丰富一些的款式，或做拼花设计。

釉面砖

釉面砖是砖的表面经过施釉高温高压烧制处理的瓷砖。它由土坯和表面的釉面两个部分构成的，主体又分陶土和瓷土两种。其表面可以做各种图案和花纹，比抛光砖色彩和图案更丰富。

市场价格 | 连工带料价格为 100~400 元 / 平方米。

材料性能

釉面砖的优缺点都非常明显，具体如下：

- **款式多样。**色彩、图案丰富，规格多，清洁方便，可选择范围广。
- **强度大。**表面强度大，可墙地面两用。
- **防渗。**与抛光砖相比，釉面砖最大的优点是防渗，不怕脏，且防滑性好。
- **无缝拼接。**可无缝拼接，任意造型，韧性好，基本不会发生断裂。
- **耐急冷急热。**即使温度发生急剧的变化也不会出现裂纹。
- **不耐磨。**耐磨性不如抛光砖，烧制过程中可能会存在针孔、弯曲、裂纹、色差等现象。

材料分类及特点

釉面砖按照原材料可分为陶制和瓷制两类，按照表面光泽可分为亮面和亚光面两类。

名称	例图	特点	适用范围
陶制釉面砖		背面颜色为红色 由陶土烧制而成的釉面砖 吸水率高，强度相对较低	售楼处、办公室、住宅等
瓷制釉面砖		背面颜色为灰白色 由瓷土烧制而成的釉面砖 吸水率较低，强度相对较高	酒店、餐厅、咖啡厅、KTV、会所、售楼处、办公室、住宅等
亮面釉面砖		釉面光洁干净，反光性良好 给人的感觉比较利落、强烈 适合用于营造“干净、透亮”的效果	酒店、餐厅、咖啡厅、KTV、会所、售楼处、办公室、住宅等
亚光面釉面砖		砖体表面光洁度差，反光效果差 给人的感觉比较柔和、舒适 适合用于营造“时尚”的效果	酒店、餐厅、咖啡厅、KTV、会所、售楼处、办公室、住宅等

施工及安装步骤

釉面砖施工流程：

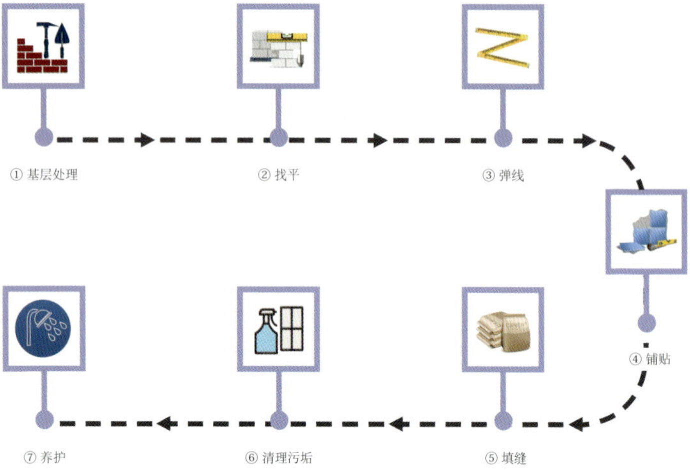

施工要点：

· 铺砖时，在砖的背面均匀涂抹 1：3 左右的水泥砂浆，厚度以 5~6 毫米为宜。

· 铺贴时，砖与砖之间留有 2 毫米的缝隙，以减弱瓷砖膨胀收缩所产生的应力。

· 转角时，阴角磨边先用玻璃刀划出要磨掉的釉面，以免崩瓷，影响美观。

温馨提示

釉面砖铺贴前的基层处理很重要，通常有以下三种类型：

（1）砖：将表面多余的砂浆、灰尘等处理干净，浇水润湿。

（2）混凝土：凿除突出部分，光面凿毛，用钢丝刷子刷满一遍。

（3）加气混凝土：提前一天浇水润湿，涂刷 25% 的 108 胶，用 1 ：1 ：6 的砂浆勾缝。

施工方式

釉面砖施工可分为对缝、错缝及与花片组合三种方式。

对缝

操作：铺砖时，缝隙做通缝处理。

缝隙：通常为 2 毫米左右，有直缝和斜缝两种。

界面：墙面、地面。

错缝

操作：为达到一定的艺术效果，采用错位铺贴。

缝隙：在原来留缝的基础上宽度增加 1 毫米。

界面：墙面、地面。

与花片组合

操作：前两种方式的某一种，与花片组合。

缝隙：根据所采用的铺贴方式具体决定。

界面：墙面、地面。

施工常见问题

砖面崩瓷

原因：水泥强度等级过高。

预防：水泥的强度等级不能高于 42.5，以免拉破釉面，产生崩瓷。

空鼓

原因：背面抹灰过厚、抹灰不满或抹灰不实；水泥砂浆配比不准。

解决：严格控制工艺，按照规程操作。

墙面不平

原因：施工前对基层处理不认真。

预防：对基层平整度要严格控制，符合要求后方可进行下面的步骤。

墙面脏

原因：铺贴完成后，未彻底擦干净砖面或受其他工序污染。

预防：可用棉纱蘸稀盐酸加 20% 的水洗刷，然后用自来水清洗干净。

家装经典案例

① ⑦ 釉面花砖　② 灰色乳胶漆　③ 水泥砖　④ 纯纸壁纸　⑤ 乳白色护墙板　⑥ 复合地板

④
⑤
⑥

⑦

公装经典案例

①⑦釉面花砖 ②⑤薄木贴面板 ③合成壁纸 ④复合地板 ⑥手绘壁纸

设计须知

· 釉面砖一般尺寸不大，有些甚至与马赛克一般大小，可以利用其作花样设计。

· 釉面砖一般用于厨房、卫生间和商业空间中做装饰，尤其适合装饰墙面。

· 厨房适合使用亮面釉面砖，不宜使用亚光面釉面砖。

· 人流量较大的场所，尽量不要使用白色勾缝剂，否则容易受污染而变色，且不易保养。

仿古砖

仿古砖是一种从国外引进的瓷砖。“仿古”并不是指工艺或制作方法的特殊，而是指其装饰效果，它可以通过样式、颜色、图案等营造出怀旧的氛围，具有古典韵味，应该称之为仿古效果的瓷砖，本质上是一种上釉的瓷质砖。

市场价格 | 连工带料价格为100~800元/平方米。

材料性能

仿古砖色泽复古，具有如下众多优点：

- **样式多。**品种、花色较多，规格齐全，不仅有常规款式，还有仿皮纹、木纹等样式。
- **效果个性。**可做各种拼花设计，实现个性化的装饰效果。
- **脚感舒适。**改善了瓷砖坚硬的脚感，质感温润，踩踏有踏实、温暖的感觉。
- **耐用性好。**非常耐用，即使是人流量大的场所，使用2~3年后，仍与刚铺贴时一样。
- **防滑性好。**表面为磨砂质感，可有效防滑，实用性好。
- **易打理。**抗污性好，抛光砖2~3年就会出现严重的蜡黄现象，仿古砖几乎没有这种问题。

材料分类及特点

仿古砖按照施釉情况可分为半抛釉砖和全抛釉砖，按照花色可分为单色砖和花砖。

名称	例图	特点	适用范围
半抛釉砖		面层为半亚光效果 耐污性相对略差 更适合用于室内墙面	酒店、餐厅、咖啡厅、KTV、会所、售楼处、办公室、住宅等
全抛釉砖		此类砖面层光泽感较强 耐污性相对更好 更适合用于室内地面	酒店、餐厅、咖啡厅、KTV、会所、售楼处、办公室、住宅等
单色砖		主要以单一颜色为主 能很好地营造出简洁但不失风格特点的装饰效果	酒店、餐厅、咖啡厅、KTV、会所、售楼处、办公室、住宅等
花砖		多以装饰性的手绘图案进行表现 可用于提升风格化，如地中海风格、西班牙风格等	酒店、餐厅、咖啡厅、KTV、会所、售楼处、办公室、住宅等

施工及安装步骤

仿古砖施工流程：

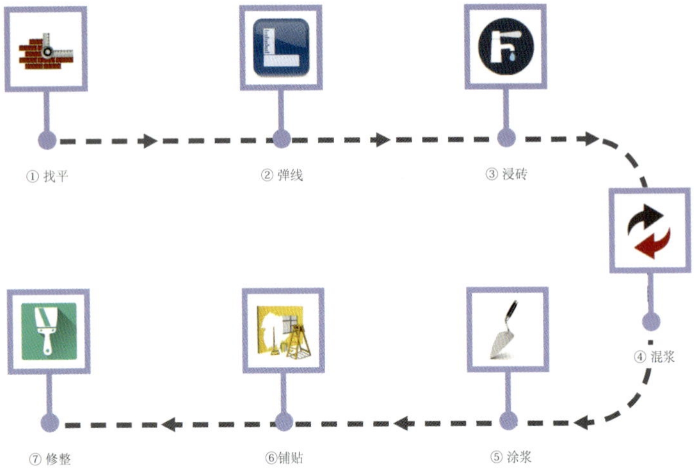

施工要点：

· 铺贴仿古砖时，水泥沙浆应以 1:2 的比例混合。

· 在找平层上喷洒足够的水，然后在砖背面均匀抹上水泥砂浆，厚度以 5~6 厘米为宜。

· 铺贴时，应顺着砖底的标志或箭头方向铺，尤其是“原边砖”应特别注意这一点。

温馨提示

仿古砖铺贴前的准备很重要，需注意以下两点：

（1）方案：仿古砖铺贴方案的选择关系到购买、计数、与风格是否符合等问题。

（2）预铺：方案确定后，一定要进行预铺，对于预铺中可能出现的尺寸、色彩、纹理误差等进行调整、交换，直至达到最佳效果。

施工方式

仿古砖的施工方式多种多样，总体可分为四类。

直缝

操作：缝隙处理方式为横平竖直。

界面：墙面、地面。

斜形菱线

操作：砖成菱形铺贴，缝隙整体成斜形。

界面：墙面、地面。

错缝

操作：缝隙成交错形式铺贴。

类型：“人字贴”“工字贴”等。

界面：墙面、地面。

花贴

操作：与花片组合铺贴。

类型：“切角砖衬小花砖”铺贴、“地砖配边线”铺贴等。

界面：墙面、地面。

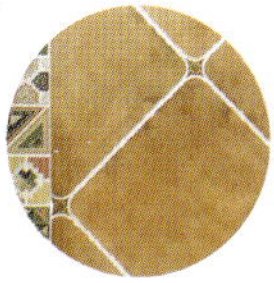

施工常见问题

接缝不平直

原因：砖的规格有差异和施工不当。

预防：严格选砖；施工时必须贴标准点，粘贴一行后应及时用靠尺检查。

大小头

原因：施工时没有按照砖底标志的方向进行铺贴。

预防：施工过程要细致、标准。

效果不理想

原因：没有进行预铺或预铺不仔细。

预防：仿古砖施工前必须进行预铺，并在预铺过程中仔细选砖。

家装经典案例

① 砖石文化石　② 淡黄色乳胶漆　③ 米黄色仿古砖　④ 实木板条　⑤ 蓝色仿古砖
⑥ 仿古花砖

④
⑤
⑥

公装经典案例

①④⑥拼色仿古砖　②③⑤马赛克　⑦压花玻璃　⑧木皮

设计须知

· 仿古砖的选择，应重点考虑其款式及风格是否与室内环境、风格相匹配。

· 多数仿古砖并不适合切割再铺贴，否则会影响花纹的效果，因此选砖时需考虑好铺贴方案，根据方案选择适合的尺寸。

· 进行方案设计时，还需要仔细地考虑缝隙的宽度及填缝剂的颜色等细节问题。

微晶石

微晶石是建筑陶瓷领域中的高新技术产品，品种较多，其中复合微晶石较具有代表性。它在业内被称为微晶玻璃陶瓷复合板，是将一层 3~5 毫米的微晶玻璃复合在陶瓷玻化石的表面，经二次烧结后完全融为一体的装饰建材。

市场价格 | 连工带料价格为 100~800 元 / 平方米。

材料性能

微晶石中具有代表性的为复合微晶石，具有众多综合方面的优势：

- **质感柔润。**既有特殊的微晶结构，又有特殊的玻璃基质结构，质地细腻、柔美。
- **色彩丰富。**可根据不同的需求，生产出丰富多彩的色调，弥补天然石材色差大的缺陷。
- **性能优良。**质地均匀、密度大、硬度高，抗压、抗弯、耐冲击等性能优于天然石材。
- **耐酸碱。**耐酸碱度、抗腐蚀性能优于天然石材，长时间使用也不会褪色和降低强度。
- **抗污性佳。**吸水率几乎为零，污物不易侵入和渗透，也很容易清除擦净，方便维护和清洁。
- **加工性好。**可用加热法制成各种弧形、曲面板，工艺简单、成本低。

材料分类及特点

微晶石按照制作工艺可分为三种类型：无孔微晶石、通体微晶石和复合微晶石。

名称	例图	特点	适用范围
无孔微晶石		也称人造汉白玉，多项理化指标均较优良 通体无气孔、无杂斑点、光泽度高 吸水率为零、可打磨翻新	酒店、餐厅、咖啡厅、KTV、会所、售楼处、办公室、住宅等
通体微晶石		也称微晶玻璃 无放射、不吸水、不腐蚀、不氧化、不褪色、不变形、强度高 无色差、光泽度高 表面如有破损，无法翻新打磨	酒店、餐厅、咖啡厅、KTV、会所、售楼处、办公室、住宅等
复合微晶石		也称微晶玻璃陶瓷复合板，光泽度 结合了玻化砖和微晶玻璃板材的优点 色泽自然、晶莹通透、永不褪色 表面如有破损，无法翻新打磨	酒店、餐厅、咖啡厅、KTV、会所、售楼处、办公室、住宅等

施工及安装步骤

微晶石干挂施工流程：

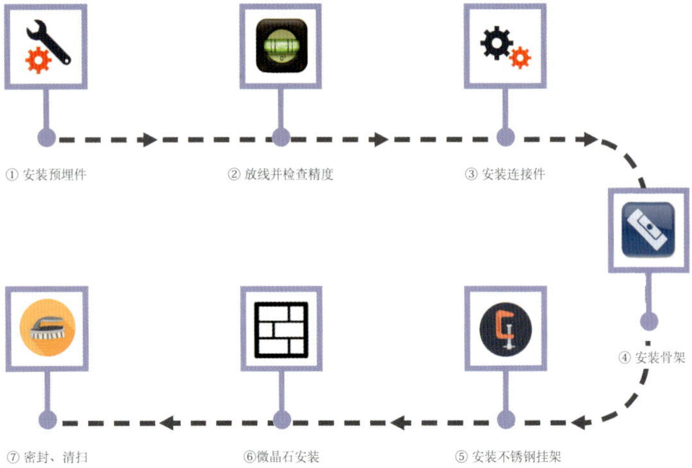

施工要点：

· 板材尺寸大于或等于 900 毫米 ×900 毫米时为 4 点镶挂，900 毫米 ×1200 毫米时为 6 点镶挂。

· 板材上下左右之间应留有 4~8 毫米的缝隙，挂完用胶封严。

· 施工时应自下而上镶挂，根据设计方案先在墙壁上弹线，确定板缝的水平和定向定位线，找出膨胀螺栓位置点，误差不大于 5 毫米。

温馨提示

采用干挂方式施工的微晶石，应注意骨架的防锈处理：

（1）次数：预埋件及各类金属件满涂两遍防锈漆，严格控制，不得漏刷防锈漆。

（2）时间：进行防锈处理并控制第一道和第二道的间隔时间不小于 12 小时。

施工方式

微晶石施工方式分可为干挂、大力胶粘贴法和直接镶贴法三种。

干挂

操作：在基层上安装不锈钢挂件，再用胶使挂件与微晶石连接。

界面：内、外墙面。

大力胶粘贴法

操作：使用大力胶将微晶石固定在基层上，分为直接粘贴法和过渡粘贴法。

界面：内墙面。

直接镶贴法

操作：使用水泥砂浆铺贴微晶石，水泥需使用强度等级为 32.5 级的普通硅酸盐水泥，砂采用洁净中砂。

界面：地面。

施工常见问题

拼缝错位对不齐

原因：没有处理好相邻板块边长的衔接匹配。

预防：施工前弹出相互垂直的控制十字线，用来控制板材位置。

板材侧边棱附近崩缺

原因：温差大、水泥强度等级过高或辅料不良。

预防：微晶石地面工程需在四边留 5~10 毫米的伸缩缝，其中填充弹性材料，以起到缓冲作用。

板面污染

原因：施工前未对板材做防护处理或施工时过早去除表面塑料薄膜；铺装完成后防护不到位。

预防：施工前微晶石的每条侧边及底面四周 2 厘米宽度均应涂覆有遮盖力且颜色协调的防水漆，干燥后再继续施工；施工期间不能揭掉塑料薄膜；已经铺好的地面部分，必须覆盖保护层。

家装经典案例

① 淡青色微晶石　② 薄木贴面板　③ ④ ⑦ 灰色微晶石　⑤ 屏风　⑥ 玉石

⑤
④

⑥
⑦

公装经典案例

①④米色微晶石　②⑦微晶石拼花　③白色玻化砖　⑤金色不锈钢条　⑥雕花石板

设计须知

· 不同种类的微晶石，适合不同部位的装饰。如无孔微晶石可用作台面、洗手盆等；装饰主题墙或电视墙，更适合使用复合微晶石。

· 仿石材纹理的微晶石，用于宽敞空间的地面装饰时，可如大理石一般做拼花设计，以增强华美的装饰效果。

水泥砖

水泥砖是一种仿水泥质感和色彩制造的瓷砖，属于仿古砖的一种。它给人一种粗犷、质朴却又不失精致感和细腻感的感觉，特点和设计感突出，且适合多种室内风格，可广泛地运用于多种室内空间中。

市场价格 | 连工带料价格为 50~300 元 / 平方米。

材料性能

水泥砖可以很好地代替水泥且没有开裂的问题，具有如下众多优点：

· **安全、环保。**采用安全建材制造，无辐射、无污染。

· **效果质朴。**规格多种多样，纹理独特，如水泥一般自然、质朴。

· **搭配简单。**易于搭配，可与各种色调的建材和家具进行混搭，也可不同系列之间混搭。

· **不变色。**吸水率低，常年使用无变色现象。

· **防滑性佳。**表面有纹理，防滑性能比抛光砖优良，而且抗污性强。

· **超耐用。**致密度高，不开裂，高耐磨性，平整度佳。

材料分类及特点

水泥砖按照表面的光滑程度可分为干粒面、平面、凹凸面和抛光面四种类型。

名称	例图	特点	适用范围
干粒面水泥砖		表面带有明显的颗粒状纹理 更适合用作地面装饰	酒店、餐厅、咖啡厅、酒吧、会所、售楼处、办公室、住宅等
平面水泥砖		表面没有做任何抛光处理 为质朴的亚光效果 可装饰地面和墙面	酒店、餐厅、咖啡厅、酒吧、会所、售楼处、办公室、住宅等
凹凸面水泥砖		表面做了不同程度的凹凸处理 防滑效果最佳 更适合用作地面装饰	酒店、餐厅、咖啡厅、酒吧、会所、售楼处、办公室、住宅等
抛光面水泥砖		包括半抛光面、柔抛光面和全抛光面等 砖面进行了不同程度的抛光处理 光泽感比其他类型的水泥砖强烈一些 可装饰地面和墙面	酒店、餐厅、咖啡厅、酒吧、会所、售楼处、办公室、住宅等

施工及安装步骤

水泥砖施工流程：

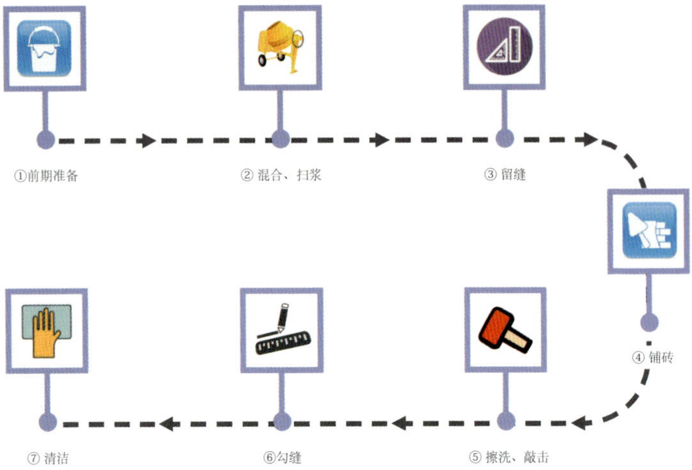

施工要点：

· 混浆的质量影响水泥砖的附着力，通常情况下，铺贴水泥砖的水泥沙浆应以 1∶3 的比例进行混合。

· 贴完一定的面积后，要用填缝剂在砖缝上填补刮平，还应该清除瓷砖表面的污物。

温馨提示

水泥砖的前期准备对铺砖的质量有着至关重要的影响，主要包括以下两方面内容：

（1）基层处理：消除基层表面附着的污物，洒水进行滋润；用水泥和砂浆混合找平，必须等到水泥砂浆混合物完全干燥后再行铺贴。

（2）试铺：根据设计方案进行试铺，这一步决定最终装饰效果。

施工方式

水泥砖的施工方式与仿古砖类似，可分为以下四大类。

直缝

特点：最为规整的铺贴方式，缝隙横平竖直。

界面：墙面、地面。

规则异形缝

特点：比较有规律的异形铺贴法，具有动感。

类型：斜形菱线、六角砖贴等。

界面：墙面、地面。

错缝

特点：成人字、工字等形状，艺术感强。

类型：人字贴、工字贴等。

界面：墙面、地面。

花贴

特点：极具个性和创意，设计可发挥性最大。

类型：切角砖衬小花砖贴、地砖配边线等。

界面：墙面、地面。

施工常见问题

高低不平

原因：勾缝不当或基层水平度不合格。

预防：勾缝应在瓷砖铺贴后 24 小时进行；基层水平度偏差需合格。

效果与设计方案相差大

原因：没有预排或施工时不按箭头方向铺贴。

预防：铺贴前需对照设计方案进行预排，铺贴时注意砖后面的箭头方向。

砖面被污染

原因：铺砖后养护不当。

预防：普通污渍用湿抹布、湿海绵擦拭；顽固污渍可用盐酸擦拭。

家装经典案例

① 白色护墙板 ②④ 水泥砖拼色 ③ 灰色护墙板 ⑤ 灰镜 ⑥ 深灰色乳胶漆 ⑦ 皮毛地毯

③
⑤
④

⑥
⑦

公装经典案例

① 木皮　② 大理石　③ ④ 水泥砖　⑤ 冰裂纹玻璃　⑥ 深灰色壁纸

设计须知

· 水泥砖适合北欧、工业、现代、极简、现代中式等风格，装饰墙面和地面均可。

· 水泥砖的质朴而素雅，搭配一些设计出挑的软装，往往可以取得出人意料的效果。

· 室内地面或墙面使用了水泥砖后，可根据整体氛围来搭配其他材质，如搭配实木、棉麻，可塑造出温馨感；搭配金属和玻璃，可塑造出现代感。

马赛克

马赛克是一种特殊的砖，一般由数十块小块的砖组成一块相对的大砖。由于它的体积小巧，可以通过拼接制作出各种图案，装饰效果突出。不仅适用于室内墙面、地面，还可用来装饰外墙、柱子、垭口等部位。

市场价格 | **连工带料价格为 100 元 / 平方米起。**

材料性能

马赛克，具有如下众多优点：

· **环保性佳。**均采用天然原料制作，加工过程中不加入任何有害物质，环保、无害。

· **粘贴牢固。**砖体薄、重量轻，每个小瓷片都可以牢固地黏结在砂浆中，不易脱落。

· **装饰性强。**品种多样，色彩丰富，可运用拼图的方式增强其装饰性。

· **吸水率低。**瓷化好、吸水率小，抗冻性能墙。

· **使用寿命长。**耐磨性优于瓷砖和木地板等材料，具有很长的使用寿命。

· **安全、防滑。**具有很好的防滑性，可用于浴池、游泳池、卫生间等潮湿的区域。

材料分类及特点

马赛克种类繁多，较为常用的有陶瓷、玻璃、贝壳、金属、石材等类型。

名称	例图	特点	适用范围
陶瓷马赛克		品种丰富，制作手法多样 防水、防潮、防滑性能佳 耐摩擦、易清洗	酒店、会所、咖啡厅、KTV、酒吧、售楼处、餐厅、住宅
玻璃马赛克		色彩最丰富，质感晶莹剔透，现代感强 密度高，不吸水，耐酸碱、腐蚀，不褪色 不积尘、容重轻、黏结牢固 易清洗，易打理	酒店、会所、咖啡厅、KTV、酒吧、售楼处、餐厅、住宅
贝壳马赛克		色彩绚丽、带有光泽 吸水率低，抗压性能不强 施工后，表面需磨平处理	酒店、会所、咖啡厅、KTV、酒吧、售楼处、餐厅、住宅
金属马赛克		色彩多低调，反光效果好 有亮面和拉丝面两种类型 装饰效果现代、时尚	酒店、会所、咖啡厅、KTV、酒吧、售楼处、餐厅、住宅
石材马赛克		色彩较低调、柔和，效果天然、质朴 有亚光面和亮光面两种类型 需专门的清洗剂来清洗 防水性较差，抗酸、碱腐蚀性能较弱	酒店、会所、咖啡厅、KTV、酒吧、售楼处、餐厅、住宅

施工及安装步骤

马赛克施工流程：

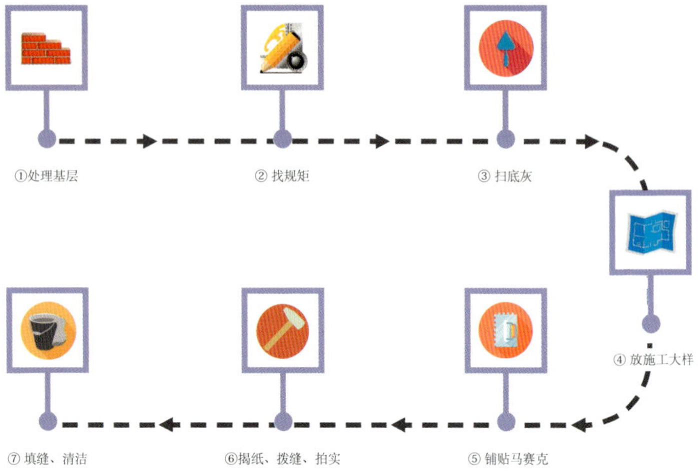

施工要点：

· 放样时，需计算好张数，两线之间保证整张数，并根据设计及马赛克品种留出缝宽。

· 马赛克铺贴 30 分钟后，可将牛皮纸润湿后，自上而下将纸揭下，注意不能乱撕扯。

· 揭纸后，查看缝隙情况，若不均匀，必须用钢片开刀拨正调直。拨缝需在水泥初凝前进行，先调节横缝，再调节竖缝。然后用一块木拍紧贴面层，再用小锤捶打木拍，将马赛克拍实。

温馨提示

对不同类型的基层，选择的胶黏剂也是有区别的，具体如下：

（1）水泥基层：用白水泥添加 801 胶水或 108 胶水，或使用马赛克瓷砖胶。

（2）木板基底：可以用中性玻璃胶，一筒可以贴 1 平方米左右。

施工方式

马赛克的施工方式可分为单色、同色、混搭及拼花四种。

单色拼贴

操作：单一颜色的马赛克大面拼贴。

特点：简洁，能展现雅致的气质。

界面：地面、墙面

同色混搭拼贴

操作：以同色系产品的 3~4 色混搭拼贴。

特点：整体协调性更高、较具耐久性。

界面：地面、墙面

混色拼贴

操作：将不同色彩的产品组合排列拼贴。

特点：不同排列组合方式，可营造出不同的效果。

界面：地面、墙面

拼花拼贴

操作：根据设计的图案进行拼贴。

特点：极具艺术感，可设计成装饰画、地毯等样式。

界面：地面、墙面

施工常见问题

粘贴时流浆、滑落

原因：施工节奏控制不当。

预防：铺贴时，需等上一批水泥稍微固化后，再往上面贴下一批。

有凹陷和凸起现象

原因：基层不平整。

预防：需剔除基层凸出的部分，将光滑的混凝土凿毛，并刷洗干净。

缝隙不直

原因：找规矩操作不规范或拨缝操作不当。

预防：找规矩需保证横平竖直，拨缝应严格按照施工规范操作。

家装经典案例

① 白色贝壳马赛克　②⑤ 蓝色壁纸　③ 蓝色陶瓷马赛克　④⑥ 白色玻化砖

C&H
⑤
⑥

公装经典案例·

①石膏板吊顶 ② 马赛克 ③⑦地毯 ④⑤ 马赛克 ⑥亚麻地板

设计须知

· 可以根据使用部位的特点来选择马赛克的种类，如卫浴间地面适合采用防滑性较好的陶瓷马赛克，酒吧、会所等场所适合采用玻璃马赛克、金属马赛克等。

· 设计马赛克主题墙时，可搭配灯光辅助，强化装饰效果。

· 选择马赛克片材时，应结合墙面尺寸进行，避免出现切割后小于半块的现象。

第四章
玻 璃

烤漆玻璃

喷砂玻璃

艺术玻璃

镜面玻璃

空心玻璃砖

玻璃是以石英砂、纯碱、长石和石灰石等为主要原料，经熔融、成型、冷却固化而制成的非结晶无机材料。

具有一般材料难以比拟的高透明性，具有优良的机械力学性能和热工性能。它已不仅仅是采光材料，更是现代建筑具有代表性的一种结构建材和装饰建材。

玻璃可分为四种类型：平板玻璃、安全玻璃、装饰玻璃和特种玻璃。

平板玻璃 最为常见、应用最广泛的一种玻璃，多用于窗户和门扇上。

安全玻璃 普通平板玻璃经过再加工处理而成的一种预应力玻璃，强度高，碎裂后为颗粒状，对人体伤害小。

装饰玻璃 为满足装饰作用而加工制作的一种玻璃。品种多样，炫目，可塑性强。

特种玻璃 具有特殊作用的一类玻璃，包括防火玻璃、防弹玻璃、中空玻璃、夹胶玻璃等。

烤漆玻璃

烤漆玻璃，在业内也叫作背漆玻璃，是将玻璃背面做喷漆处理后，放入烤箱内烤制后自然晾干制成的。运用范围广泛，可用于台面、形象墙、背景墙、围栏、包板、私密空间、店面内部和外部等部位的装饰。

市场价格 | 连工带料价格为 200~350 元 / 平方米。

材料性能

烤漆玻璃的主要特点如下：

· **综合性能优越。**耐水性强，耐酸碱性强；耐候性强，与结构胶相容性强；抗紫外线、抗老性强；附着力极强，不易脱落。

· **绿色环保。**使用环保原料制作，健康安全。

· **易清洗。**耐污性强，易清洗，打理方便。

· **选择范围广。**色彩的可选择性强，适合各种室内风格。

· **表现力强。**可以通过喷涂、滚涂、丝网印刷或者淋涂等方式来体现外观效果。

材料分类及特点

烤漆玻璃常用的类型有：实色系列、金属系列、半透明系列、珠光系列及聚晶系列。

名称	例图	特点	适用范围
实色系列玻璃		色彩最为丰富的一个系列 可根据潘通色卡或劳尔色卡上的颜色任意进行调配	酒店、会所、咖啡厅、KTV、酒吧、售楼处、餐厅、住宅
金属系列玻璃		带有金属般的质感 有金色、银色、古铜色以及其他金属色	酒店、会所、咖啡厅、KTV、酒吧、售楼处、餐厅、住宅
半透明系列玻璃		可实现半透明、模糊效果 适合用在卫生间或特殊装饰领域中	酒店、会所、咖啡厅、KTV、酒吧、售楼处、餐厅、住宅
珠光系列玻璃		制作过程中加入了珠光材质 能展示出珠宝的高贵而柔和效果	酒店、会所、咖啡厅、KTV、酒吧、售楼处、餐厅、住宅
聚晶系列玻璃		制作玻璃时加入了聚光晶片 具有浓郁的华丽感	酒店、会所、咖啡厅、KTV、酒吧、售楼处、餐厅、住宅

施工及安装步骤

烤漆玻璃背景墙施工流程：

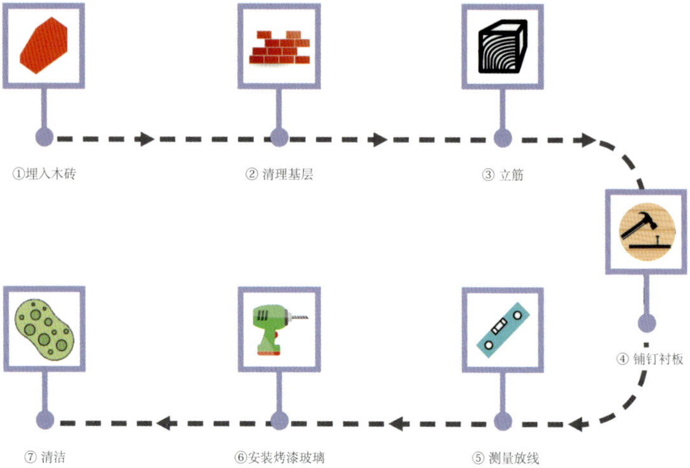

施工要点：

· 如有条件，应在砌筑墙、柱时先埋入木砖，以固定木方，间距一般以 500 毫米为宜。

· 墙筋为 40 毫米 ×40 毫米或 50 毫米 ×50 毫米的小木方，用铁钉固定在木砖上。安装小块镜面多为双向立筋，大块镜面可以单向立筋，横、竖墙筋的位置与木砖一致。

· 衬板为大芯板或胶合板，钉在墙筋上，钉头应没入板内。板与板的间隙应设在立筋处。

温馨提示

安装烤漆玻璃的墙面，基层需注意防水处理：

处理基层时，先将基层的脏污处理干净，而后在抹灰面上刷热沥青或其他防水材料，也可在木衬板与玻璃之间夹一层防水层。

施工方式

烤漆玻璃背景墙安装可采用胶粘法、框架法、镜钉法及组合法等。

胶粘法

操作：用胶打在背板上，将玻璃与背板固定。

可用胶带、顶压等辅助固定，以免移位。

适用：烤漆玻璃的厚度为 5 毫米左右，这种玻璃相对较轻。

框架法

操作：将玻璃分成几块，每块都加装木或金属框，

用上拉下托的方式将木框固定在指定位置。

适用：烤漆玻璃较厚的情况。

镜钉法

操作：在衬板或墙面上钻孔埋膨胀管，玻璃上墙，

用镜钉固定。

适用：无框艺术漆或较厚的烤漆玻璃。

胶粘与镜钉结合法

操作：衬板或墙面先埋膨胀管，再打胶粘玻璃，

再用镜钉固定；结合顶压辅助可避免移位。

适用：烤漆玻璃较厚的情况，但一般较少用此法。

施工常见问题

背板变形或玻璃漆面脱落

原因：基层未做防水层。

预防：施工时，基层应按照要求进行防水处理。

对花错位

原因：划线不规范或玻璃移位。

预防：划线应横平竖直；重的玻璃应采用辅助法固定，以避免移位。

固定不牢

原因：背板与基层连接不牢固。

预防：安装较重的玻璃时，应确保背板与基层连接的牢固度。

家装经典案例

①⑥⑧ 灰镜　② 云母片壁纸　③ 黑色烤漆玻璃　④ 茶镜　⑤ 大理石　⑦ 夹层玻璃

③
④
⑥
⑤

⑦
⑧

公装经典案例

①⑥ 软膜顶棚　② 石膏板喷白色乳胶漆　③⑤ 灰色混纺地毯　④ 彩色烤漆玻璃　⑦ 薄木贴面板

设计须知

· 烤漆玻璃用于家装时，建议小面积用于背景墙部分，面积过大容易显得冷硬。

· 在娱乐场所中，烤漆玻璃可采用多色彩组合的方式来装饰，同时配以灯光，可装饰出华美而不乏娱乐性的效果。

· 除了单色使用，烤漆玻璃上还可以制作一些图案，效果更具个性。

喷砂玻璃

喷砂玻璃是采用高压喷射出的金刚砂，击打玻璃的表面制成的一种装饰玻璃，其表面经过击打后会形成凹凸不平的毛面，能使光线透过时形成散射的效果，从而形成朦胧感。

市场价格 | 连工带料价格为 20~150 元 / 平方米。

材料性能

喷砂玻璃的主要特点如下：

· **适用范围广。**喷砂玻璃属于常见的一款装饰玻璃，且成本低于磨砂玻璃，在室内装饰中被广泛运用。

· **施工简单。**设计新颖，加工效果好，施工简单、方便。

· **透光不透视。**装饰效果独特，光线通过玻璃后可变得柔和、不刺目，同时透光不透视，既能保证采光，又能满足隐私性需求。

· **易清洁。**能够快速地清理，省时、省力，使用寿命长。

材料分类及特点

喷砂玻璃可分为全喷砂玻璃、条纹喷砂玻璃和电脑图案喷砂玻璃三种类型。

名称	例图	特点	适用范围
全喷砂玻璃		玻璃里层全部进行喷砂处理 具有很好的保护隐私的作用 适合作为浴室隔断或门玻璃	酒店、会所、咖啡厅、KTV、酒吧、办公室、售楼处、餐厅、住宅
条纹喷砂玻璃		喷砂部分呈条纹状分布 表面平整光滑、有光泽 可做室内任何位置的隔断	酒店、咖啡厅、KTV、办公室、售楼处、餐厅、住宅
电脑图案喷砂玻璃	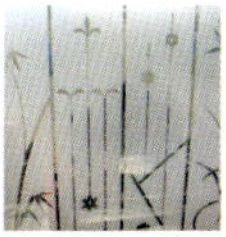	利用电脑技术制作的喷砂图案玻璃 图案可设计定制 施工简单、方便，效果美观	酒店、会所、咖啡厅、KTV、酒吧、办公室、售楼处、餐厅、住宅

施工及安装步骤

喷砂玻璃隔断施工流程：

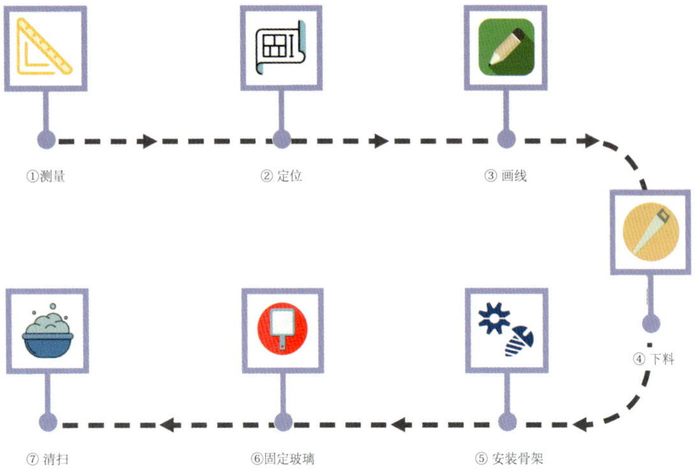

施工要点：

· 先在地面弹线画出位置线，再用垂直线法在墙上或者柱上弹出位置和高度线，若是有框玻璃隔断，还应标出竖间隔和固定点的位置。

· 下料时，要反复地核对现场的尺寸，以确保安装连接的位置准确。

· 型钢材料在安装之前一定要做好防腐处理。

温馨提示

喷砂玻璃隔断安装时，需根据玻璃的尺寸采取不同的方式：

（1）小隔断：先在平地上组装好，然后再整体安装固定。

（2）大隔断：必须直接沿地、沿顶建立，从隔断的一端开始安装。

施工方式

喷砂玻璃隔断安装可分为：压条安装、玻璃胶固定和吊挂式安装。

压条安装

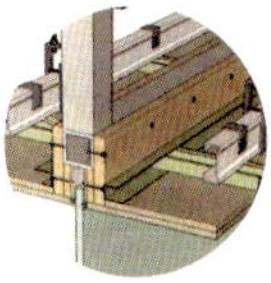

操作：在地面和墙线弹线开槽，用膨胀螺栓固定玻璃一侧的压条，将橡胶垫垫在玻璃下方，再用压条将玻璃固定。

适用：玻璃较厚的隔断。

玻璃胶固定

操作：将玻璃先安装在预留槽内，然后用玻璃胶封闭固定。

适用：一般厚度的玻璃隔断。

吊挂式安装

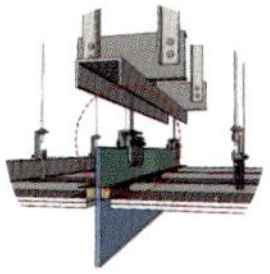

操作：在顶棚顶部的玻璃槽设置玻璃夹固定玻璃，下部玻璃槽预留伸缩缝。

适用：大型玻璃隔断。

施工常见问题

尺寸偏差大，无法对接

原因：尺寸测量不精确。

预防：测量尺寸应精准；安装隔断时，尺寸应反复核对。

框架或玻璃固定不牢

原因：框架和玻璃在安装中未按照规范施工。

预防：骨架与墙、顶、地的固定应保证牢固度；玻璃安装完成后应注意周边的密封，避免出现晃动现象。

隔断不平整、顺直

原因：框架材料质量不佳或画线水平度有误差。

预防：施工前应注意检验框架的质量；画线时应保证水平和垂直方向的精确度。

家装经典案例

① 大理石 ② 布艺硬包 ③ 玉石 ④ 图案喷砂玻璃 ⑤ 编织地毯 ⑥ 超白镜 ⑦ 夹层玻璃

⑦

公装经典案例

① ④ ⑥ 喷砂玻璃　② 夹层玻璃　③ ⑦ 水泥砖　⑤ 木皮

设计须知

· 喷砂玻璃在家居空间中，可充当屏风或隔断使用，如用在卫浴间内、餐厅和客厅中间、玄关等位置，各种款式均适合。

· 公共场所中，办公室使用较多，可用在隔断墙或门上，采用条纹玻璃更美观。

· 设计带有图案的喷砂玻璃屏风或隔断时，需注意框架形式与图案的统一感。

艺术玻璃

艺术玻璃是以玻璃为载体，加上一些工艺美术手法，再结合想象力实现审美主体和审美客体的相互对象化的一种装饰性建材。艺术玻璃将玻璃的特有质感和艺术手法相结合，具有其他材料没有的多变性。

市场价格 | 连工带料价格为 200 元 / 平方米。

材料性能

艺术玻璃的主要特点如下：

· **浓郁的艺术感。**产品设计更多的从“美”的角度出发，具有浓郁的艺术感。

· **款式多样。**款式千变万化、多种多样，可充分满足设计需求。

· **图案可定制。**大多数带有加工工艺的艺术玻璃都可以进行图案的定制，能够展现特有的个性装饰。

· **用途广泛。**不仅适合各类室内空间，适合各种室内风格，还可用在室内空间的多处部位做装饰。

材料分类及特点

较为常用的艺术玻璃：印刷玻璃、夹层玻璃、雕刻玻璃、压花玻璃、彩绘玻璃等。

名称	例图	特点	适用范围
印刷玻璃		采用数码打印设备和技术，可将任何计算机上的图案印刷在玻璃上 图案半透明，既能透光又能使图案融入环境 色彩亮丽、效果逼真	酒店、会所、咖啡厅、KTV、酒吧、售楼处、办公室、餐厅、住宅
夹层玻璃		在两片或多片玻璃原片之间，加入中间膜或纸、布、丝、绢等制成的一种复合玻璃 透明度由夹层决定，具有独特的装饰性 抗冲击性能强，碎裂时不伤人	酒店、会所、咖啡厅、KTV、酒吧、售楼处、办公室、餐厅、住宅
雕刻玻璃		可在玻璃上雕刻各种图案和文字 雕刻图案的立体感较强 分为透明和不透明两种	酒店、会所、咖啡厅、KTV、酒吧、售楼处、办公室、餐厅、住宅
压花玻璃	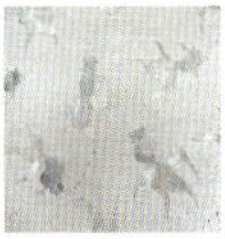	表面有压制形成的花纹图案 具有透光不透明的特点，其透视性，因距离、花纹的不同而异	酒店、会所、咖啡厅、KTV、酒吧、售楼处、办公室、餐厅、住宅
彩绘玻璃		用特殊颜料直接着墨于玻璃上，或者在玻璃上喷雕成各种图案再加上色彩制成 可逼真地对原画复制 画膜附着力强，擦洗不掉色	酒店、会所、咖啡厅、KTV、酒吧、售楼处、办公室、餐厅、住宅

施工及安装步骤

艺术玻璃施工流程:

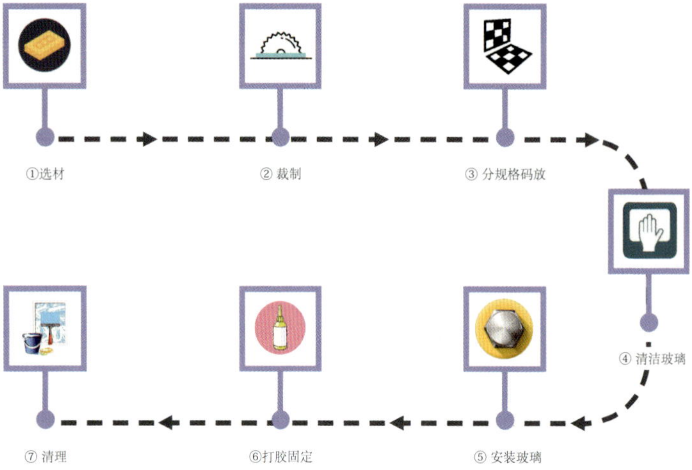

施工要点:

· 将需要安装的玻璃，按部位分规格、数量裁制，已裁切好的按规格码放。

· 图案类的艺术玻璃，在安装时，应按照图纸仔细裁割，拼缝必须吻合，不允许出现错位、松动和斜曲等缺陷。

· 玻璃安装必须平整、牢固、无松动现象。

温馨提示

艺术玻璃大多带有图案，特别是定制的款式，安装前必须进行质量验收：

玻璃到货后，检查玻璃是否有裂纹、磕碰，是否磨边，夹层玻璃是否有密封，尺寸是否符合订货单的要求等，钢化玻璃可要求提供钢化证明。

施工方式

艺术玻璃的固定方式可根据使用部位来具体选择，较为常用的有橡胶条、胶粘、框架、夹件等方式。

橡胶条固定

操作：在固定的凹槽内放入玻璃，玻璃和凹槽之间留一定缝隙，用橡胶条固定。

界面：门、窗、柜门、小型隔断。

胶粘固定

操作：用胶打在背板上，将玻璃与背板固定。可用胶带、顶压等辅助固定，以免移位。

界面：柜门、墙面。

框架固定

操作：将玻璃分成几块，每块都加装木或金属框，用上拉下托的方式将木框固定在指定位置。

界面：墙面。

不锈钢夹件固定

操作：基层安装背板，背板之上固定不锈钢夹件，用夹件固定玻璃，注意不适合厚重的玻璃。

界面：墙面。

施工常见问题

门窗玻璃开关时晃动

原因：没有安装减震垫；橡胶条安装不够紧密；框扇不牢固。

预防：玻璃内外两侧应留出至少 2 毫米的间隙，来安装减震垫；橡胶条的尺寸应与凹槽尺寸相配；安装前检查框扇的牢固度。

安装后有去除不掉的脏污

原因：安装前未清洁。

预防：安装前一定要对玻璃的正反面进行反复的擦拭，以免影响视觉效果。

家装经典案例

①③ 印刷玻璃 ② 薄木贴面板 ④ 米白色墙布 ⑤ 大理石 ⑥ 木线造型

③
④
⑤

⑥

公装经典案例

① 彩绘玻璃　②③ 彩绘　④ 饰面夹板　⑤ 大理石　⑥ 灰绿色乳胶漆　⑦ 造型石膏线

设计须知

· 艺术玻璃的用途非常广泛，不仅可以用于装饰墙面，还可用来制作门窗、厨房防溅水挡板或直接做建筑玻璃墙，可根据具体的使用部位选择玻璃的种类。

· 在家装中，艺术玻璃的使用面积不建议过大，面积过大容易让人感觉冷硬。

· 将带有图案的艺术玻璃用在背景墙或隔断部位时，可搭配一些灯光来强化视觉效果。

镜面玻璃

镜面玻璃是室内装修中使用频率非常高的一种装饰玻璃，当空间面积有限，让人感觉较拥挤时，运用各种颜色的镜面玻璃，不仅可以隐藏梁柱、延伸空间感，还可以增强华美、华丽的装饰效果。

市场价格 | 连工带料价格为 150~300 元 / 平方米。

材料性能

镜面玻璃运用的好可以产生非常好的装饰效果，它具有以下特点：

- **很强的装饰感。**表面平整、光滑，有超强的光泽感，华丽而不夸张。
- **色彩多样。**除了较为常见的白镜，还有其他色泽的类型，可搭配不同建材用在各种风格的室内空间中做装饰。
- **扩大空间感。**具有超强的反射性，可模糊空间的虚实接线，能够扩大空间感。
- **适用范围广。**适用于墙面、柱面、柜门、吊顶、地面等多处室内部位。
- **施工简单。**加工方式非常便捷，可随意裁切、拼贴，工期短。

材料分类及特点

镜面玻璃较为常用的有超白镜、黑镜、灰镜、茶镜和色镜等。

名称	例图	特点	适用范围
超白镜		反射的影像与现实物品几乎相同 可大面积使用，能够渲染出华丽感 适合多种风格	酒店、会所、咖啡厅、KTV、酒吧、售楼处、办公室、餐厅、住宅
黑镜		非常个性，色泽神秘、冷冽 适合局部使用 适合现代、简约风格的室内空间	酒店、会所、咖啡厅、KTV、酒吧、售楼处、办公室、餐厅、住宅
灰镜		特别适合搭配金属使用 即使大面积使用也不会感到过于沉闷 适合现代、简约风格的室内空间	酒店、会所、咖啡厅、KTV、酒吧、售楼处、办公室、餐厅、住宅
茶镜		给人温暖的感觉 适合搭配木纹饰面板使用 可用于多种风格的室内空间中	酒店、会所、咖啡厅、KTV、酒吧、售楼处、办公室、餐厅、住宅
色镜		色彩种类较多，如紫色、红色等 反光效果较弱，适合局部使用 适合多种风格	酒店、会所、咖啡厅、KTV、酒吧、售楼处、办公室、餐厅、住宅

施工及安装步骤

镜面玻璃施工流程：

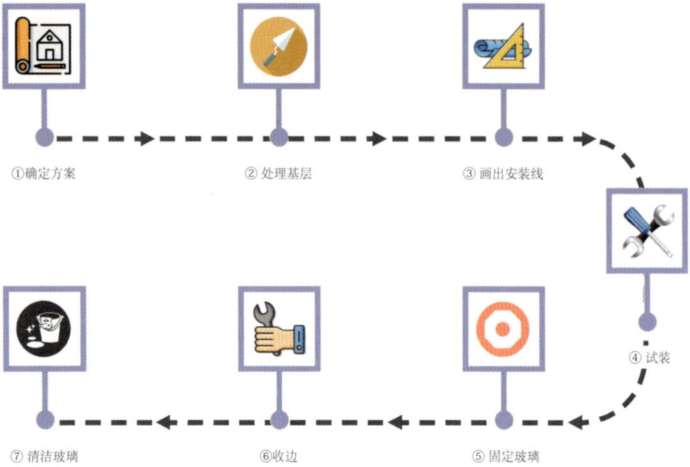

施工要点：

· 组合粘贴小块镜面时，应按弹线从下逐步向上粘贴，块与块的对缝处需涂少许玻璃胶。

· 固定玻璃时，需根据场所基层质地及施工面积具体选择适合的方式，需注意安全性。

· 木压条接触玻璃处，应与裁口边缘齐平。木压条应互相紧密连接，并与裁口紧贴。

· 彩色明面玻璃在拼接时，接缝应吻合，颜色、图案应符合设计要求。

温馨提示

基层的质量对镜面玻璃的使用寿命及安装有很大影响，施工时应注意：

（1）背材：有的墙面不适合直接粘贴镜子，包括发泡材质、硅酸钙板和粉墙。

（2）水汽：浴室内，当镜面直接粘贴在墙面时，防水涂料应涂刷至顶棚。

施工方式

彩色镜面玻璃常用的施工方式为：大块面安装、块面拼合安装、块面分割安装和菱形组合安装等。

大块面安装

操作：镜面玻璃不做任何形式的分割，整块面使用的安装方式。

界面：背景墙、隔断、顶面、柜门等。

块面拼合安装

操作：将小块面的镜面玻璃做车边加工后，组合为一体进行安装。

界面：背景墙。

块面分割安装

操作：将块面状的的镜面玻璃与各种材质的线条或石膏板等组合造型。

界面：背景墙、隔断、顶面、柜门等。

菱形组合安装

操作：镜面玻璃切割成菱形，通常会做斜边处理，拼装成一个大的镜面。

界面：背景墙、顶面。

施工常见问题

大块面的镜面玻璃变形

原因：没有预留伸缩缝。

预防：大块面的镜面玻璃安装时，需注意与边框之间应留有 5 毫米左右的空隙，以适应热胀冷缩引起的变化。

上镜钉后玻璃崩裂

原因：镜面玻璃的开孔位置不正确。

预防：采用玻璃钉固定，开孔时四个孔位应均匀，且不能太靠近边缘。

家装经典案例

① ③ 超白镜 ② 米白色壁纸 ④ 茶灰色护墙板 ⑤ 大理石 ⑥ 手绘壁纸

③
④
⑤

⑥
Jackson

公装经典案例·

① 色镜　② 淡粉色乳胶漆　③ 复合地板　④ 印花黑镜　⑤ 金色不锈钢条　⑥ 木百叶隔断

设计须知

· 镜面玻璃的反光性很强，在设计时，不建议覆盖房间内所有的墙面，或对称墙的位置，影像过多容易让人产生错乱感。

· 镜面玻璃在家居中，使用面积不宜过大，而在公共空间中，则可大量使用。

· 镜面玻璃可采用菱形斜线拼接、组合线条，与块状组合等造型方式搭配增添层次感。

空心玻璃砖

空心玻璃砖是用透明或颜色玻璃料压制成形的空心盒状、体形较大的玻璃制品。多数情况下，玻璃砖并不做为饰面材料使用，而是做为结构材料使用，它可用在楼梯间、隔断、隔墙、窗户、地面、顶棚等处。

市场价格 | 连工带料价格为 100~250 元 / 平方米。

材料性能

空心玻璃砖的主要特点如下：

· **款式多样。**在颜色上，除无色款式，还有粉绿、粉蓝、粉红等颜色，面层除平面透明样式外，还有雾面、斜纹、小方格、水波纹、气泡等压纹款式。

· **绿色环保。**无毒无害、无污染、无异味、无刺激性，能防虫蛀；对人体无害，还可回收再利用。

· **采光效果好。**清玻璃玻璃砖的透光率为 75%，有色玻璃空心玻璃砖透光率为 50%。

· **性能佳。**隔音、隔热、保温，防水、防火，重量轻，施工简单，易清洁。

材料分类及特点

空心玻璃砖按照表面质感可分为光面玻璃砖、雾面玻璃砖和压花面玻璃砖等类型。

名称	例图	特点	适用范围
光面玻璃砖		采用完全透明的光面玻璃制作 适合用在隐私性不强的区域	酒店、会所、咖啡厅、KTV、酒吧、办公室、售楼处、餐厅、住宅
雾面玻璃砖		采用磨砂或喷砂玻璃制作 大部分为双雾面，也有单雾面的款式 透光不透视，可保证隐私性	酒店、咖啡厅、KTV、办公室、售楼处、餐厅、住宅
压花面玻璃砖		采用压花玻璃制作 装饰性较强 较适合用在隐私性不强的区域	酒店、会所、咖啡厅、KTV、酒吧、办公室、售楼处、餐厅、住宅

施工及安装步骤

玻璃砖施工流程：

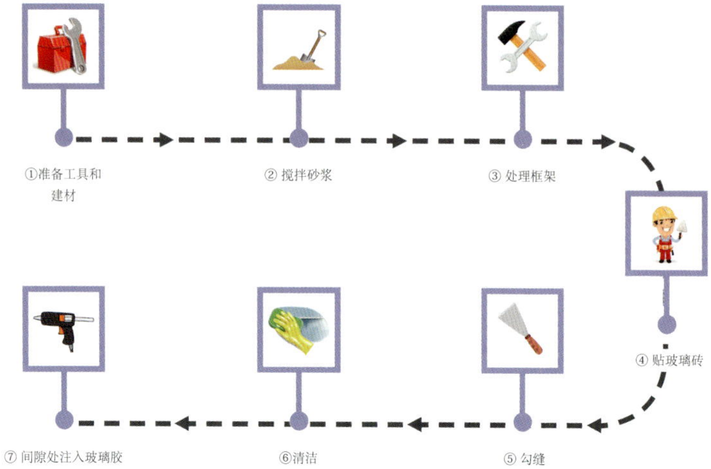

施工要点：

· 水泥砂浆的调制方式为：白水泥、细砂、建筑胶水、水按照 10 ：10 ：0.3 ：3 调和。

· 贴玻璃砖时不能重敲或者用力撬；砖之间的接缝大小要控制在 1~3 厘米之间。

· 在玻璃砖和墙的两侧和顶部的衔接处要使用金属制的槽口，厚度应比玻璃砖大 1~1.8 厘米。

温馨提示

粘贴玻璃砖石，辅助材料的使用非常重要，它们包括以下三项：

（1）十字塑料支架：为使玻璃砖墙的砌缝整齐美观，必须使用控制缝宽的专用支架。

（2）膨胀垫料：为调整玻璃砖墙体的膨胀伸缩变形，应采用膨胀垫。

（3）加强钢筋：大面积墙的砌筑中，必须使用 $\phi 4$ 冷拔钢丝或 $\phi 6$ 钢筋做加强钢筋。

施工方式

玻璃的施工方式可分为无框砌筑法和有框砌筑法两种。

无框砌筑法

操作：调浆后安装 + 形、T 形或 L 形定位支架，用砂浆自下而上逐层叠加玻璃砖，砌完后去除支架上多余的板块。

界面：平面、曲面。

有框砌筑法

操作：测量位置尺寸，制作木框架；在玻璃砖侧面涂抹胶黏剂，由框架下方角落处开始砌筑，每一行第一块玻璃砖砌完成后，在上方插入长木片作为水平固定板，完工后，去除固定间隔框的外露部分。

界面：平面、曲面。

施工常见问题

出现破裂现象

原因：未预留伸缩缝。

预防：玻璃砖墙两端应留有不小于 4 毫米的缝隙，用油毡填充；用弹性密封胶密封玻璃砖与型材、型材与建筑物的结合部。

不牢固

原因：未设置钢筋或钢筋数量不够。

预防：当隔断长度或高度大于 1500 毫米时，砖间应设钢筋增强。在垂直方向每二层设置一根钢筋，在水平方向每隔三个垂直缝设置一根钢筋。

缝隙不直

原因：未使用定位支架。

预防：施工需使用定位支架辅助，以保证缝隙的一致性，边角部位使用 T 形或 L 形，中间使用 + 形。

家装经典案例

①③ 软木板　②白色壁纸　④⑥雾面玻璃砖　⑤深灰色乳胶漆　⑦三聚氰胺板

③
④
⑤

⑥
⑦

公装经典案例·

①雾面玻璃砖 ②⑤蓝色乳胶漆 ③⑥水泥自流平 ④白色乳胶漆

设计须知

· 玻璃砖隔墙不仅可以设计为直线形，还可设计为弧线等形式。

· 在家居空间中，玻璃砖的使用面积通常不会太大，建议使用统一的色彩。

· 公共空间中，玻璃砖的色彩组合可根据场所的性质来搭配，如娱乐场所可选择多彩色组合，而办公空间则可使用无色玻璃砖。

第五章
木 料

木皮

软木

二手木

木料是装饰建材中非常古老的一种，具有悠久的历史。它具有亲切、温暖的质感，保留了朴素、天然的本质，是一种非常有“人情味”的材料。

木料有着良好的装饰性和易加工性能，在古代直接被用来建造房屋，而现代建筑中，多用来作为饰面材料使用，有时也会直接制作建筑构件。

总的来说，木料可分为原生木料和加工木料两大类。

原生木料 不经过精细加工而直接使用天然木材做建材，如古木。此类木料生长周期慢，可再生能力弱，数量稀少，价格较高。

加工木料 此类木料是经过不同方式的人工处理后产生的，注重木材的循环利用，挖掘出了特殊的装饰效果，提高了木材的利用率，常见的有木皮、软木、碳化木等。

木皮

木皮也称为薄木、单板，是将木材以旋切或锯制的方法所生产的木质薄片状的一种饰面材料。其厚度一般为 0.4~1 毫米，主要用作人造板材、家具、墙面的装饰贴面。

市场价格 | 连工带料价格为 80~500 元 / 平方米。

材料性能

木皮的主要特点如下：

· **装饰性好。**木皮还原了天然木材纹理和质感的同时，放开了木材的材料限制。

· **种类丰富。**除了天然木料制作的木皮，还有人工制造的品种，已知的木纹几乎都能找到对应的产品。

· **纹理多样。**加工切割方法多样，产生了丰富的纹理效果，如直纹、山纹等，为设计师的工作提供了丰富的素材。

· **易加工。**部分产品表面可做清漆、染色或涂料（索色）处理；施工简便、快捷。

材料分类及特点

木皮按照制作方式可分为天然木皮、染色木皮、科技木皮、拼接木皮、成卷木皮等。

名称	例图	特点	适用范围
天然木皮		纹理及色泽天然、优美，触感细腻、真实 存在木质的天然瑕疵，例如裂痕、死节等 容易出现纹路不连贯及色差等情况	酒店、会所、咖啡厅、KTV、酒吧、售楼处、办公室、餐厅、住宅
染色木皮		对天然木皮进行缺陷处理及着色后制作的一种木皮 具有天然木皮的各种特点，同时又具备更加丰富的色彩	酒店、会所、咖啡厅、KTV、酒吧、售楼处、办公室、餐厅、住宅
科技木皮		纹理及色泽连贯性良好 观感、触感及味道颇接近天然木材 色彩纹理选择丰富，无天然缺陷 纹理观感不及天然木皮自然	酒店、会所、咖啡厅、KTV、酒吧、售楼处、办公室、餐厅、住宅
拼接木皮		由不同纹理的木皮拼接在一起制成为有规律的拼花效果 适合作局部装点	酒店、会所、咖啡厅、KTV、酒吧、售楼处、办公室、餐厅、住宅
成卷木皮		也叫作无纺布木皮 木皮底面被加上了一层无纺布或纸，更柔软，富有光泽 木皮富有光泽，更加柔软，不易碎裂	酒店、会所、咖啡厅、KTV、酒吧、售楼处、办公室、餐厅、住宅

施工及安装步骤

木皮施工流程：

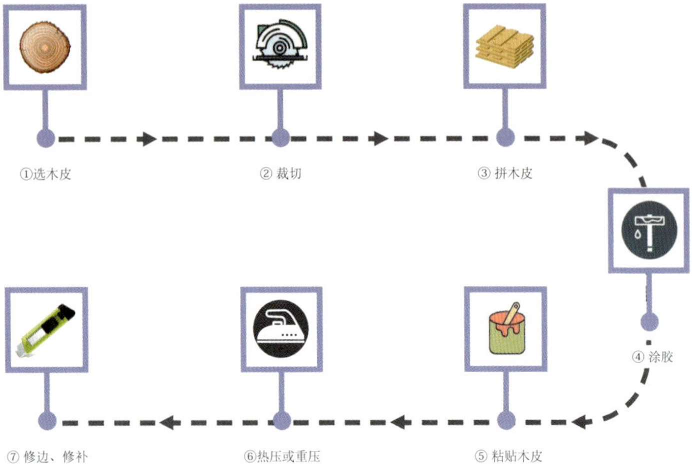

施工要点：

· 选木皮时应结合设计需求和不同类别木皮的特点，选择适合的类型。

· 裁切木皮的目的是为了达到更好的装饰效果，先进行长度方向的裁切，而后进行宽度方向的裁切。木皮长度方向应留出 20 毫米左右的余量。

· 裁切木皮时，为了防止木皮边缘出现毛刺，应在木皮底部放垫条。

温馨提示

手工贴木皮时，部分胶需要用电熨斗热压，热压的时间需分季节对待：

（1）常温季节：气温 25 摄氏度左右，电熨斗温度为 150~170 摄氏度，加热时间为 3~10 秒。

（3）低温季节：气温低于 13 摄氏度，加热温度需提高 50 摄氏度左右，加热时间为 10~30 秒。

施工方式

木皮的施工方式可分为单面涂胶法和双面涂胶法两种。

单面涂胶法

操作：用短毛滚筒单面涂胶，涂布均匀，用电熨斗加热 10~30 秒。

适用：白乳胶、木皮胶。

双面涂胶法

操作：胶分别涂在木皮和需要装饰的面板上，不易吸水的一面先涂，用手触摸有粘感但不粘手就可开始粘贴，贴好后用重物压一天。

适用：万能胶、强力胶。

施工常见问题

有小颗粒包

原因：施工环境不够整洁，包入了杂物。

预防：粘贴木皮时，环境要整洁，避免将砂粒、木屑粘到里面。

起泡

原因：使用了万能胶或粘贴手法不对。

预防：使用万能胶贴木皮，容易出现起泡的现象，可选择木皮胶；若使用非木皮胶，粘贴时，应先将木皮润湿；发现气泡要割开，放入胶水，将气泡处处理平整。

接缝明显

原因：对缝处理手法不当。

预防：两张木皮需要交接时，后粘贴的一张，应比前一张的边缘多出 20~40 毫米，粘贴完成后再切掉多余部分。

脱胶

原因：胶量过少。

预防：涂抹胶黏剂时，以 100~130 克 / 平方米为准，注意涂布均匀、到位。

家装经典案例

①⑥ 科技木皮　② 灰色微晶石　③ 大理石　④ 板岩　⑤ 浅茶灰色乳胶漆

④
⑤

⑥

公装经典案例

①④⑤⑥ 科技木皮　②钨钢　③混纺地毯　⑦大理石

设计须知

· 使用木皮时，除选择品种、颜色，还应注意纹理的选择，不同纹理给人的感觉是有区别的，如直纹较为理性，而山纹则较为活泼。

· 在设计方案时，建议标明纹理的施工方向，注意木皮的长度和分封的处理。

· 拼花使用时，更建议使用科技木皮或染色木皮，整体感觉更规整。

软木

软木的主要制作原料为木栓栎、栓皮栎的外皮，由于其质地柔软，故称之为软木。软木原料可重复采摘，一棵成木可采摘十多次，成品也可回收后重复利用，节能又环保。它在室内装饰工程中，多用于制作地板、墙板等。

市场价格 | 连工带料价格为 200~800 元 / 平方米。

材料性能

软木是纯天然的多孔材料，具有不可替代的独特品质：

· **极佳的弹性。**细胞内充满空气，因此富有弹性，做地板时，即使摔倒也不容易受伤；人行走在上面，还能减轻腿部和脊椎的疲劳。

· **隔音。**结构可吸声，所以具有极佳的隔音性。

· **防滑。**当脚踩在软木上时，会被吸附在上面，从而减少了摩擦，同时起到防滑作用。

· **脚感温暖。**孔隙多，热传递慢，因此会给人温暖的感觉。

· **耐腐朽、耐化学侵蚀。**对水、油脂、有机酸、盐类、酯类等都不起化学反应。

材料分类及特点

软木常见的种类有：纯软木、PU 漆软木、PVC 贴面软木及多层复合软木等。

名称	例图	特点	适用范围
纯软木	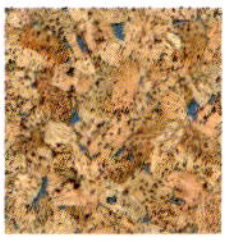	表面无任何覆盖物的软木板 质感最柔软，弹性最好 有平面、浮雕、新色彩等多种类型 既可装饰墙面也可装饰地面	酒店、咖啡厅、酒吧、住宅
PU 漆软木		软木表面涂装 UV 清漆、色漆或光敏清漆 有亚光、平光和高光三种类型 所用的软木料较纯净	酒店、咖啡厅、酒吧、住宅
PVC 贴面软木		在软木板表面覆盖 PVC 贴面 耐磨性较好 此类软木多用作地板	酒店、会所、咖啡厅、KTV、酒吧、售楼处、餐厅、住宅
多层复合软木		由四层结构组成，第二层和第四层为软木 耐磨性好，保养方便 多作为地板使用	酒店、会所、咖啡厅、KTV、酒吧、售楼处、餐厅、住宅

施工及安装步骤

软木施工流程：

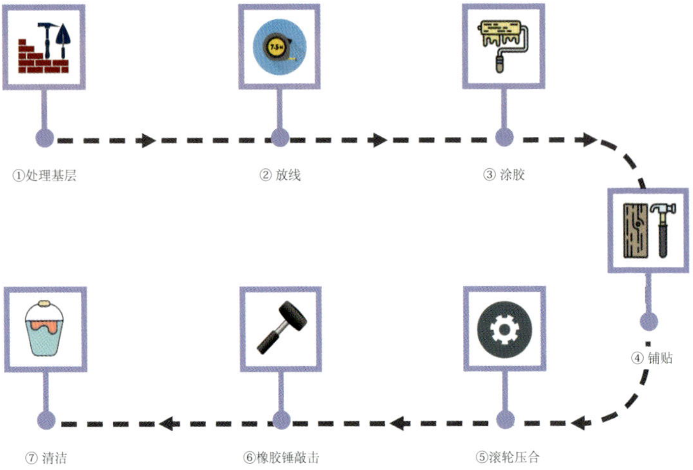

施工要点：

· 铺贴前在墙面或地面进行画线，找到中轴位置，从中心开始向两边安装软木板。

· 涂胶时先涂软木板背面，干透后再使用，然后给墙面和地面刮胶，进行铺贴。

· 铺板时，边缝要注意对齐，压合后用橡胶锤由中间开始向四周捶打。

温馨提示

铺贴软木板时，不同的基层需区别对待：

（1）板材墙：无上漆、无破损、无松动现象，板材对接处表面及接口处应平整。

（2）腻子墙：首先砂光，然后封上水性漆或涂基膜，完全干燥后，方可施工。

（3）水泥基层：需处理平整、干净，地面需涂刷界面剂，而后做一层水泥自流平再铺贴。

施工方式

软木的施工方式包括田字式安装和工字式安装两种。

田字式安装

操作：以中轴点为始点，以竖轴为边线，水平轴为底线，进行对边对缝的处理，安装第一块墙板后顺次安装，安装好一个间区后，用滚轮进行按压。

工字式安装

操作：从中轴点开始粘贴，竖轴为边线，水平轴为底线，对边对缝，安装好第一排，继续安装第二排第一块，以这片板的中点为起点，将其粘贴在第一排墙板第一第二片墙板的接缝处，以此顺序类推。

施工常见问题

粘贴不牢

原因：涂胶不均匀或板背面的胶未干就开始粘贴。

预防：刷胶水时应按照一定的方向涂抹均匀，不要忘记四边的涂抹；背胶涂抹完，一定要干透后再开始铺贴。若发现粘贴不牢固的现象应立刻补胶。

不平整

原因：基层平整度不合格。

预防：施工前，用水平尺测量，保证基层的平整度，不平整的需先做找平处理，再进行安装。

边缘轮廓不规则

原因：切割手法不当。

预防：在边角处，板材切割应规范、整齐。将需切割的墙板顶在墙上，进行画线，然后按线切割。如果没有十足把握，可以按剪纸的模板切割。

家装经典案例

① 白色乳胶漆 ② 超白镜 ③ ⑤ 深色实木地板 ④ 纯软木板 ⑥ 大理石

④
⑤

⑥

公装经典案例

① 石膏板造型喷白色乳胶漆　② ⑤ ⑥ 软木地板　③ 红色亚光漆　④ 孔洞饰面板

设计须知

· 软木具有木料的温润质感和柔和的色泽，非常百搭，各种风格的室内空间均适用。

· 家居空间中，用软木装饰墙面时，更建议小范围的使用，做地板则没有限制；在公共场所中，在墙面上的使用量可根据功能来决定。

· 软木板遇水可能会发生膨胀现象，因此不建议将其用在非常潮湿的区域中。

二手木

二手木指有一定使用年限的古老实木或使用过又重新利用的木材，包括但不限于各种木头、实木板、木地板、木墙板、船木等。此类木料具有使用过或风化的痕迹，具有浓郁的沧桑感和自然感，装饰效果独特。

市场价格 | **连工带料价格为 500~5000 元 / 平方米。**

材料性能

二手木具有沧桑和复古之美，其主要特点如下：

· **独特的美感。**二手木的各种痕迹自然而具有美感，是仿旧处理无法比拟的，十分独特。

· **用途广泛。**木料的来源较多样化，根据不同的厚度和磨损程度，可用来制作家具、墙板、地板、吊顶等。

· **绿色环保。**制作家具可采用榫卯结构，装饰墙面或地面无需过多处理，加工环节少，基本没有污染源。

· **有收藏价值。**如黄花梨、酸枝木、金丝楠等品种的古木，具有升值和收藏价值。

材料分类及特点

总的来说，二手木可分为名贵古木、老船木、原木和木板等四种类型。

名称	例图	特点	适用范围
名贵古木		较为常见的有檀木、花梨木、黄花梨、黑酸枝木、红酸枝木、乌木和金丝楠木等 具有独特的富贵感 多用来制作家具，也可装饰墙面	会所、咖啡厅、售楼处、住宅
老船木		老旧的船上拆下来的木料或木板 防水、防虫、防腐，结实且厚重有力 粗犷且具有浓郁的艺术感 可制作家具，装饰墙面、地面、吧台等	酒店、会所、咖啡厅、KTV、酒吧、售楼处、餐厅、住宅
原木		非木板形态的原木 常见的有老松木、老杉木等 可制作小件家具、床头板、墙板等	酒店、会所、咖啡厅、酒吧、办公室、售楼处、餐厅、住宅
木板		板状的回收木，有原色和彩色两种类型 表面有的带有斑驳的油漆，有的有明显的风化痕迹 多用来装饰墙面、地面或制作隔墙	酒店、会所、咖啡厅、KTV、酒吧、办公室、售楼处、餐厅、住宅

施工及安装步骤

二手木施工流程：

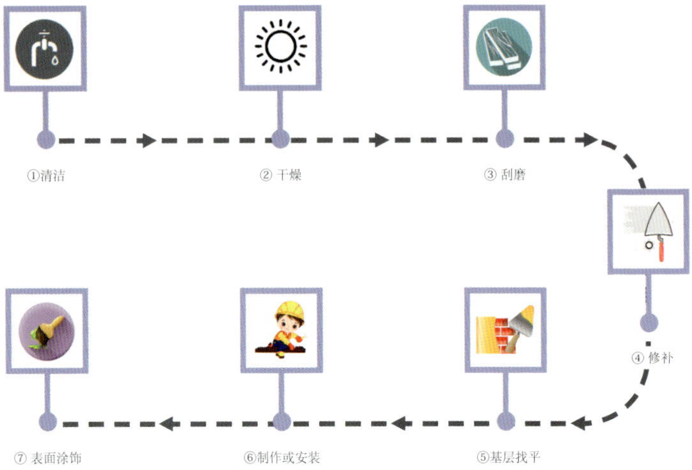

施工要点：

· 若用二手木制作家具，则无需基层找平这一步，装饰墙面或地面则需要找平处理。

· 墙、地面在铺装木板前，可以在铺装区块用涂刷防水涂料的方法做好防水，以防止木板受潮而出现变形现象。

· 墙面或地面安装二手木，需要用大芯板等板材做底板或用龙骨做骨架，再固定木板。

温馨提示

二手木尺寸不一，铺贴前需进行试铺，以确定最终效果：

（1）规则类型：试拼时，注意查看木板之间的接口是否完全吻合。

（2）不规则类型：重点为调整整体的均衡性和美观性，如小块放在大块傍边等。

施工方式

二手木的施工方式常用的有胶粘、钉接和榫接三种。

胶粘安装

操作：在二手木背面和基层底板上涂抹胶黏剂，将木板粘接在底板上。可用钉子在木缝间强化牢固效果。

基层：龙骨架上安装大芯板等底板基层。

适用：小块面木料或重量轻的木板。

钉接安装

操作：用钉子将二手木钉接在处理好的基层上，若重量大，木料两边均应位于龙骨架上。

基层：龙骨架基层或龙骨架加板材基层。

适用：大块面木料或重的木板。

榫接安装

操作：不使用钉子，完全采取榫卯结构连接构件。

适用：制作家具。

施工常见问题

变形

原因：有些二手木不防水，不做防潮层在潮湿区域就容易变形。

预防：施工前，基层先做防潮处理，尤其是潮湿区域。

起拱

原因：未预留伸缩缝。

预防：墙面和地面大面积使用二手木时，应在边缘预留适当的缝隙，未为热胀冷缩留出空间。

粘接不牢

原因：粘贴手法不正确。

预防：胶涂抹到位，由下往上粘贴，充分压实，发现不牢固立刻补胶。

家装经典案例

① 黄色硅藻泥　② 陶瓷马赛克拼花　③ ⑤ 茶色仿古砖　④ 二手木　⑥ 藕荷色乳胶漆

⑤

⑥

公装经典案例

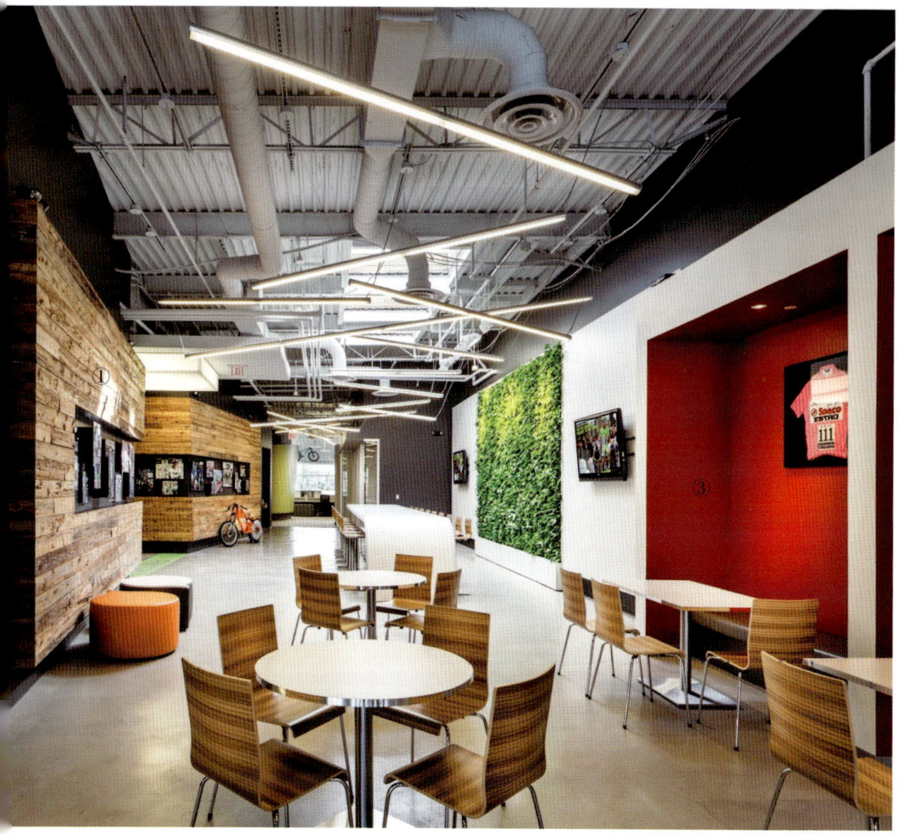

①④⑥ 古船木　②仿真植物　③红色乳胶漆　⑤⑦水泥自流平　⑧化纤地毯

设计须知

· 二手木虽然效果个性，设计时也应注意统一感。总的来说，它比较适合工业、中式、新中式、北欧、美式等风格。

· 二手木的色彩是无法完全一致的，若觉得影响统一感，可做一些修色处理。

· 除了以条形、板块等造型运用，还可用老船木等二手木设计成马赛克装饰墙面。

第六章
地面材料

实木地板
竹地板
复合／强化地板
亚麻地板
PVC 地板
水泥地坪
地毯

地面材料指覆盖在建筑地面上，能够起到装饰作用和保护作用的室内建材。

以前人们选择地材更多的是注重其实用性，随着装修行业的不断发展，地材的装饰性也越来越受到重视，在近十年的时间内获得了较为快速的发展。无论是种类还是款式，都有很多突破。

除了石材和瓷砖这类墙、地面通用材料，地面材料可分为地板、地毯、软性地材和硬性地材四类。

地板 包括天然材质和人造材质两大种类，生产技术日益成熟，是现代室内空间使用频率较高的一类地材。

地毯 种类较多，具有无可比拟的温暖感和装饰性，使用频率最高。

软性地材 有 PVC 地板、橡胶地板和亚麻地板等，虽然种类较少，也逐渐地获得了人们的认可。

硬性地材 种类最少的一类，较为常用的是水泥地坪，属于比较个性的一个种类。

实木地板

实木地板又名原木地板，它是天然木材经烘干、加工后制成的地面装饰建材。它具有木材自然生长的纹理，色泽天然，给人柔和、亲切的感觉，且脚感舒适，使用安全，是地面饰面材料中的高档品。

市场价格 | 连工带料价格为 400~800 元 / 平方米。

材料性能

实木地板具有与传统地面材料不同的众多优点，具体如下：

- **装饰效果好。**色泽多样而自然，纹路清晰、多变且富有立体感，自然感浓郁。
- **调节湿度。**可通过吸收和释放水分，达到调节室内温度、湿度的效果。
- **冬暖夏凉。**热导系数小，具有冬暖夏凉的功效，保温效果非常好。
- **绿色无害。**用材取自原木，使用无挥发性的耐磨油漆涂装，是天然无害的地面建材。
- **有益健康。**可释放对人体有益的负离子等；软硬适中，可免除老人、小孩摔伤的危险。
- **物理性能好。**吸音、隔音，耐污、耐腐蚀，耐燃、耐热，抗冲击。

材料分类及特点

实木地板按照纹理可分为软实木、粗纹实木、浅色实木和深色实木四种类型。

名称	例图	特点	适用范围
软实木地板		包括水曲柳、桦木等 具有脚感舒适、触感温暖等特点	酒店、会所、餐厅、咖啡厅、住宅等
粗纹实木地板		包括柚木、槲栎（柞木）、甘巴豆、水曲柳等 具有纹理较粗且凹凸质感强烈等特点	酒店、会所、餐厅、咖啡厅、住宅等
浅色实木地板		包括加枫、水青冈（山毛榉）、桦木等 地板的色调普遍较浅	酒店、会所、餐厅、咖啡厅、住宅等
深色实木地板		包括香脂木豆（红檀香）、紫檀、柚木、棘黎木（乔木树参、玉檀香）等 色彩较深，具有深沉的视觉效果	酒店、会所、餐厅、咖啡厅、住宅等

施工及安装步骤

实木地板施工流程:

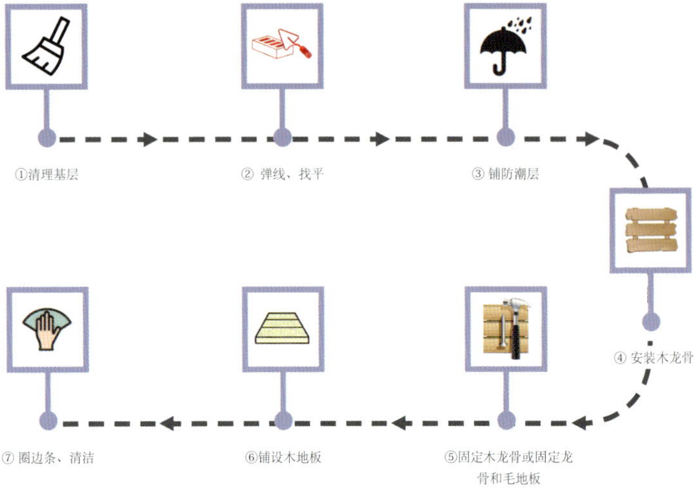

施工要点:

· 龙骨应选用握钉力较强的落叶松、柳安等；铺设应平整牢固，间距一般不超过 40 厘米；切忌用水泥加固，最好用膨胀螺栓、美固钉等。

· 为保证地板铺装结实，应确保地板接缝都在木龙骨上。

· 地板不宜铺得太紧，四周留 0.5~1.2 厘米的伸缩缝，且不宜超宽铺设。

温馨提示

实木地板较怕潮湿，因此防潮措施很重要，需注意以下两点：

（1）防潮层：可采用涂防潮漆、铺防潮膜等方式来防潮，且木龙骨需做防潮处理。

（2）含水率：选材时，需注意龙骨或毛地板的含水率，应接近地板的含水率。

施工方式

实木地板常用的施工方式有龙骨铺设法和毛地板铺设法。

龙骨铺设法

操作：铺好龙骨，而后在龙骨上直接铺设地板。

适用：抗弯强度足够的实木地板。

优点：地面平整度高、防潮效果好，可降噪。

缺点：可能会产生异响，会降低空间高度。

毛地板铺设法（夹板铺设法）

操作：先铺好龙骨，上边铺毛地板，毛地板与龙骨固定，再将地板铺于毛地板上。

适用：任何类型的实木地板。

优点：加强了防潮能力，且脚感舒适、柔软。

缺点：损耗多，成本高。

施工常见问题

起拱

原因：天气过于湿冷，空气中水分被实木地板吸收，出现膨胀现象。

解决：待湿度平衡后，拆除重铺，调整分段缝和相邻板块预留伸缝。

开裂

原因：含水率过大或过低，地板出现干缩或湿胀现象导致开裂。

解决：少量漆膜开裂可补漆处理，大面积开裂可磨平后重新油漆，单块开裂可更换。

响声

原因：混凝土基层不平，导致地板含水率降低，木材的握钉力降低。

解决：加强验收，确保基层平整，如为气候原因，则不必修整。

缝隙过大

原因：地板的含水率过大或室内过于干燥。

解决：等待地板的含水率降低后重新铺装；过于干燥的室内应采取加湿措施。

家装经典案例

①红色人造皮革 ②薄木贴面板 ③羊毛地毯 ④屏风 ⑤⑥深色实木地板

④
⑤

⑥

公装经典案例

①③④⑦浅色实木地板　②绿色合成壁纸　⑤灰色合成壁纸　⑥釉面砖拼花

设计须知

· 实木地板尺寸的原则为：宜窄不宜宽，宜短不宜长。原因是小规格的实木条更不容易变形、翘曲，铺设时也更灵活，且整体比例也会更协调。

· 实木地板的色彩丰富，几乎可与所有常见家具搭配，具体选择时，宜从空间整体效果来考虑，如重色家具搭配浅色地板就容易让人觉得重心不稳。

竹地板

竹地板以天然优质竹子为原料，经过多道复杂的工序高温高压制成，原料的生长周期比实木短，是非常节能又环保的建材。它有竹子的天然纹理，清新文雅，给人一种回归自然、高雅脱俗的感觉。

市场价格 | 连工带料价格为 150~400 元 / 平方米。

材料性能

竹地板表面光洁柔和，品质很稳定，其特点具体如下：

- **冬暖夏凉。**竹子的导热系数低，自身不生凉放热，具有冬暖夏凉的触感。
- **坚固而有弹性。**韧性强、有弹性，兼具有原木地板的自然美感和陶瓷地砖的坚固耐用。
- **色差较小。**色差比木质地板小，而且竹纹很丰富、清晰。
- **使用寿命长。**防潮湿、防腐蚀，保养正确的前提下，使用寿命可长达 20 年。
- **保健功能。**可以有效地预防风湿性关节炎，减少风湿等病痛的发生；还可以保护眼睛。
- **不耐日晒。**在严重的日晒后，很容易出现分层的现象。

材料分类及特点

竹地板可分为实竹平压地板、实竹侧压地板、实竹中衡地板、竹木复合地板、重竹地板等。

名称	例图	特点	适用范围
实竹平压地板		采用平压工艺制作而成 坚固、耐用，防水性能好 纹理自然，质感强烈	酒店、会所、咖啡厅、售楼处、餐厅、住宅
实竹侧压地板		采用侧压工艺 接缝处更加牢固，不容易出现大的缝隙 纹理清晰，时尚感强 耐高温，不易变形	酒店、会所、咖啡厅、售楼处、餐厅、住宅
实竹中衡地板		不易变形，整体的平整度较高 质地坚硬，表面有清凉感 防水、防潮、防虫蛀	酒店、会所、咖啡厅、售楼处、餐厅、住宅
竹木复合地板		采用竹木与木材混合制作而成 可选择性多样，为市面的主流产品 纹理多样，样式精美	酒店、会所、咖啡厅、售楼处、餐厅、住宅
重竹地板		采用上等的竹木制作而成 纹理细腻自然，丝质清晰 平整平滑，不虫蛀，不变形	酒店、会所、咖啡厅、售楼处、餐厅、住宅

施工及安装步骤

竹地板悬浮式施工工艺流程：

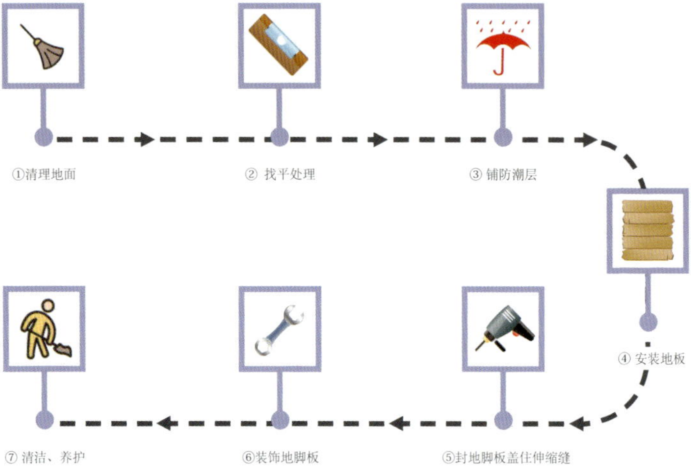

施工要点：

· 平整地面，用水泥浆抹平并干透，用沥青漆漆地面 1~2 道并干透。

· 自左向右或自右向左逐排依次铺装，凹槽向墙，竹地板与墙之间放入木楔，留足伸缩缝。

· 拉线检查所铺竹地板的平直度，安装时随铺随检查，随时进行调整。

· 地板与墙壁之间要有 8 毫米以上预留缝，防止挤压；背面不得用胶水。

温馨提示

竹地板板块之间的缝隙处理非常重要，铺装时，可分气候对待：

（1）潮湿区域：华东、华南地区，竹地板不能拼装得太紧，需预留 0.5 毫米的间距。

（2）干燥区域：中国东北及西北地区，竹地板之间以自然接合为佳。

施工方式

竹地板的施工方式通常分为悬浮式和固定式两种。

悬浮式铺装

操作：充分考虑到地板与竹木地板的伸缩因素，利用竹木地板四面企口相拼接在一起。

优点：省时、省工、省料、省钱，拆装自如。

适合：气温变化小的地区。

固定式铺装

操作：先打龙骨架，而后在龙骨上铺上一层防潮层，而后铺装胶合板再铺装竹地板。

优点：操作简便。

适合：潮湿或温差大的地区。

施工常见问题

变形

原因：竹地板的含水量发生变化。

解决：出现变形后，静置一段时间后重铺。可在铺装前提前一周或半个月将竹地板开箱置于现场，使其与施 工场所的湿度保持一致，以防止变形问题的出现。

起拱

原因：边缝预留尺寸不足或未留边缝。

解决：修整边缘部分的地板板块，或拆开重铺，将缝隙扩大。

开裂

原因：因受潮挤裂或室内环境太干燥导致竹地板干缩开裂。

解决：保持室内通风，使室内湿度保持在 40%~80%。

起拱或塌陷

原因：基层平整度不达标或地面潮湿。

解决：基层处理严格把关，保证平整度；铺装前可在地面蒙一层塑料布进行测试，确保地面干燥无水汽再进行铺装。

家装经典案例

① 石膏板吊顶　② 文化石　③ 茶色壁纸　④ ⑥ 实竹中衡地板　⑤ 布艺硬包

③
④

⑤
⑥
⑥

公装经典案例

①④⑦ 竹地板　②钢化玻璃　③化纤地毯　⑤⑥白色乳胶漆

设计须知

· 竹地板的色彩包括本色和碳化色两类：本色简约大方，适合简约、现代风格；碳化色较厚重，适合复古风格。

· 竹地板不适合用在防潮不佳的楼房底层、大型公共场所和公共通道等处。

· 竹木地板一般与窗外入光角平行安装，如果空间小，则应与较长的墙壁平行。

复合 / 强化地板

复合地板和强化地板在制作时，都有一部分结构采用的是打散后的木材组织，原木湿胀干缩的特性被破坏，因此，尺寸更稳定，适用范围更加广泛，保养更简单，是近年来市场占有率不断提高的一类地材。

市场价格 | 连工带料价格为 120~500 元 / 平方米。

材料性能

复合地板一般由四层材料组成，其主要特点如下：

· **纹理自然。**保留了实木地板木纹优美、自然的特性，且脚感舒适。

· **质量稳定。**具有良好的吸音性能和耐冲击性能，质量稳定，不容易损坏，打理简单。

· **安装简单。**不必打龙骨，找平即可安装，比实木地板占用高度大大减少。

强化地板是完全的人造地板，其主要特征如下：

· **性价比高。**纹理的制作完全由人工印刷，基材使用速生木材，成本低，性价比高。

· **综合性能好。**表面有三氧化二铝耐磨层，能达到很高的硬度。且耐污染、抗腐蚀、抗压，防火性及抗冲击性能皆优于其他类型的地板。

材料分类及特点

复合 / 强化地板可分为：三层实木复合地板、多层实木复合地板和强化地板。

名称	例图	特点	适用范围
三层实木复合地板		以实木拼板或单板为面板，以实木拼板为芯层，以单板为底层制成 是家装中较为常用的复合地板品种 稳定性高于实木地板	酒店、会所、住宅
多层实木复合地板		每一层之间都是纵横交错的结构，使导致木材变形的内应力多次抵消 是实木类地板中稳定性最可靠的	酒店、会所、咖啡厅、住宅
强化地板		由耐磨层、装饰层、基层和平衡层组成 不需要打蜡，日常护理简单 甲醛含量容易超标，选购时需仔细检测	酒店、会所、咖啡厅、KTV、酒吧、售楼处、餐厅、住宅

施工及安装步骤

复合 / 强化地板施工流程：

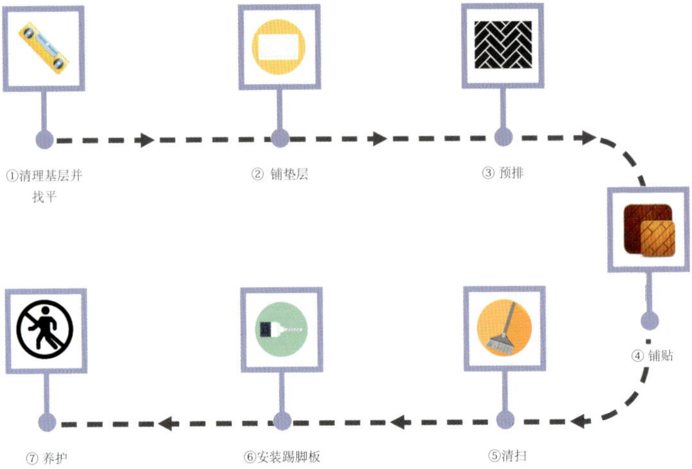

施工要点：

· 地面水平偏差不能超过 2 毫米，若超出就需做找平处理。

· 防潮层厚度为 3 毫米最佳，需铺平，接缝处要并拢不能重叠，接口处用宽胶带密封。

· 铺设时，要错缝安排地板板块，这样交叉铺设不易松动，地板拼合后需用工具敲紧。

· 安装踢脚线时，接头要处理紧密、平齐，且要保证能压住地板和墙之间的缝隙。

温馨提示

复合地板和强化地板的铺设大体相同，但也有一些区别，强化地板需要涂胶：

强化地板进行铺装时，榫和槽之间用胶水把板与板粘连，胶黏剂要分榫、槽两次涂胶。保证地板上、下口封胶；必须上满胶，上胶要均、缓、足，不能出现断胶、少胶。

施工方式

复合 / 强化地板常用的安装方式为悬浮铺设法，除此外也可采用毛地板铺设法。

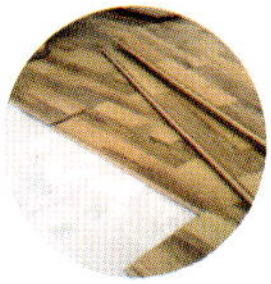

悬浮铺设法

操作：先铺垫层，再在垫层上直接铺设地板。

适用：复合地板、强化地板。

优点：铺设简单、工期短，易维修保养；地板不易起拱、变形。

缺点：易受潮。

毛地板铺设法（夹板铺设法）

操作：同实木地板。

适用：复合地板。

优点：防潮能力强；脚感舒适、柔软。

缺点：成本高。

施工常见问题

空鼓响声

原因：大多因固定不实所致。

预防：确保所用产品、材料符合质量标准，规范施工。

局部翘起

原因：防潮处理存在隐患或毛地板拼缝太小或无缝，使用中浸水所致。

预防：确保漆膜完整，避免地板浸水。

拼缝不严

原因：施工不规范或者地板的宽度偏差较大，加工质量差。

预防：规范施工，或在拼缝中填充填充物；开工前仔细验材。

踢脚板接缝不平

原因：地面不平整或安装不仔细造成的接口高度不一致。

预防：地面需保证平整度；安装时应仔细处理接口。

家装经典案例

① ③ ⑤ 深灰色乳胶漆　② ④ ⑦ 复合地板　⑥ 黄色乳胶漆

③
④

⑤
⑥
⑦

公装经典案例

① 蓝色乳胶漆　② 橙色乳胶漆　③ 地砖拼花　④ 水泥自流平　⑤ ⑧ 强化地板　⑥ 淡黄色乳胶漆　⑦ 合成壁纸

设计须知

· 地板的尺寸可结合空间面积来选择，宽敞的空间，选择大板铺贴会更协调、美观，而小面积的空间，则适合选小板，不仅协调还能省料。

· 复合地板和强化地板都不适合用在潮湿的区域，如浴室、卫生间等。

· 复合地板和强化地板的铺设方式较简单，不仅可装饰地面，还可用来装饰墙面。

亚麻地板

亚麻地板也叫亚麻油地板，其主要成分为亚麻籽油、石灰石、软木、木粉、天然树脂、黄麻等环保材料。它是单一同心透结构的卷材，即其花纹和色彩从上至下均相同，能够保证地面长期亮丽如新。

市场价格 | 连工带料价格为 100~400 元 / 平方米。

材料性能

亚麻地板的具体特点如下：

· **超强环保。**生产过程中不添加任何化学添加剂和增塑剂，无任何污染源。

· **天然防菌。**具有天然的防菌、抗菌功能，可有效抑制细菌的生长，且不易吸附灰尘，非常适合易过敏人群或哮喘病人。

· **款式丰富。**色彩、纹理多样，且柔和不刺眼，可拼花、配色或定做各种复杂的图案。

· **物理性能稳定。**弹性极佳，抗静电、抗压，耐污、耐磨性能优秀，使用寿命超长。

· **易清洁。**可卷边上墙，无卫生死角，极易清洁、打理。

材料分类及特点

亚麻地板可分为单色亚麻地板、双色亚麻地板、天然亚麻地板和混合材质亚麻地板。

名称	例图	特点	适用范围
单色亚麻地板		颜色单一，并且基本无纹理 可单独拼贴，可也与其他单色组合拼贴 比较容易搭配，适合各种风格	酒店、会所、办公室、售楼处、住宅
双色亚麻地板		由两种或两种以上的颜色组成 具有比较丰富的色彩变化 适合做不同形状的拼贴 若与其他色彩组合搭配需谨慎	酒店、会所、办公室、售楼处、住宅
天然亚麻地板		完全由天然材质制成 环保性极强 铺设出来的效果更具档次	酒店、会所、办公室、售楼处、住宅
混合材质亚麻地板		由天然材质与其他材质组合而成 具有较高的性价比 可选择的样式也比较多	酒店、会所、办公室、售楼处、住宅

施工及安装步骤

亚麻地板施工流程：

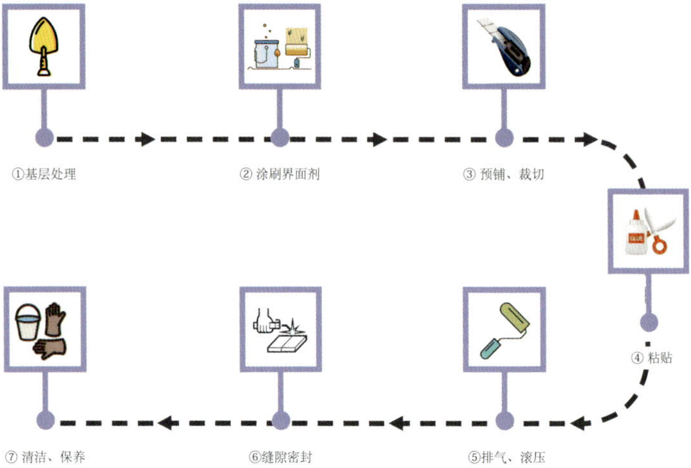

施工要点：

· 铺装时注意不能将接缝对接过紧，也不可使缝隙过大；标准以可插进一张复印纸为宜。

· 铺装后在进行赶气的同时，用铁轮均匀擀压，对于地板接缝及墙边用小压滚擀压。

温馨提示

亚麻卷材的施工质量与基层质量紧密相连，因此对基层有以下三点要求：

（1）平：表面平整，用 2 米靠尺检查，其表面凹凸度偏差不应大于 2 毫米。

（2）干：表面干燥。铺贴前用仪器测量，含水率不应大于 3%。

（3）洁：表面整洁、干净。不能有任何杂质，若有油脂等杂物应用火碱擦洗干净。

（4）滑：表面光滑、坚硬。不能有粗糙、起砂的现象，否则粘贴后容易起鼓。

施工方式

亚麻地板的施工方式有无缝对接和热焊对接两种。

无缝对接铺贴

操作：预铺时将地板块重叠搭接 1 厘米，使用专用切缝推刀在搭接平面中间用 2 米钢板尺推切，取出多余部分，使用专用对缝滚筒将两侧地板压实并粘接牢固。

热焊对接铺贴

操作：使用熔化焊条来焊缝的工艺。使用开槽机在接缝处开 U 形槽，热融焊条并嵌入槽口中，选用带速焊嘴的焊枪焊缝，冷却后，将突出部分割掉。

施工常见问题

波浪、翘边

原因：基层平整度不达标或胶黏剂中有杂质小颗粒。

预防：严格进行基层平整度检测，并使用质量好的胶黏剂。

空鼓

原因：基层含水率超出 3%。

预防：用水泥拌和物铺设的基层，施工结束后应加强通风干燥；首层应设置隔离层进行防潮；普通混凝土地面不能满足含水率要求的，应加设防潮层。

起鼓

原因：基层不够光滑，刮胶时容易厚薄不均匀，导致其中的分散性气体继续挥发，累积到一定程度后就会起鼓。

预防：将起鼓部分扎破；情况严重需重新处理基层，而后重新铺贴。

断裂

原因：室内温度过低。

预防：待温度上升后，重新铺贴或更换材料。

公装经典案例 1

① 橙色防火板　②④⑤ 亚麻地板拼色　③ 钢化玻璃　⑥ 二手木

③
④
Bigger
Better

⑤

公装经典案例 2

① 蓝色防火板　② 透光膜　③ ⑤ ⑦ 软膜顶棚　④ ⑥ 亚麻地板　⑧ 灰镜

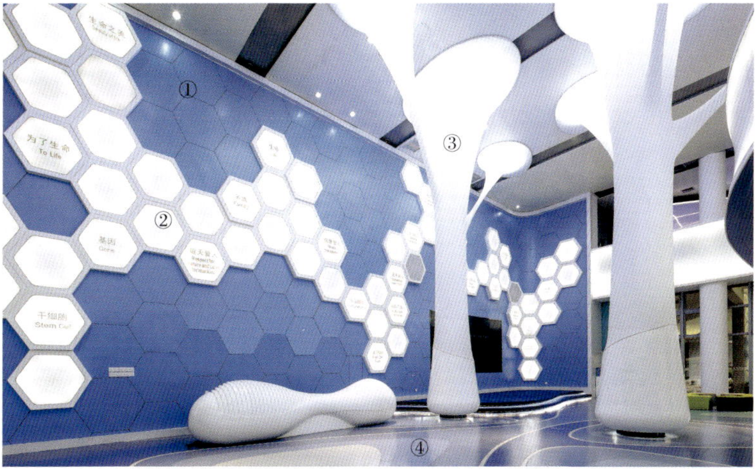

设计须知

· 亚麻地板受热不会变形、老化，也不会释放有害物质，非常适合地热取暖的房间。

· 亚麻地板表面凹凸多孔，单色使用就会具有较强的立体感强。若想强化这种感觉并提升空间的装饰效果，可做一些拼色或图案设计。

· 亚麻地板的孔隙较多，不适合对整洁性要求较高的环境。

PVC 地板

PVC 地板以聚氯乙烯及其共聚树脂为主要原料制成，它是一种新型轻体地面装饰材料，也称为“轻体地材”，使用非常广泛。环保无毒，是唯一可再生的地材，在发达国家已逐渐替代了瓷砖和木质地板。

市场价格 | 连工带料价格为 100~400 元 / 平方米。

材料性能

PVC 地板与亚麻地板同属弹性地材，其具体特点如下：

· **装饰性强。**花色品种繁多，纹路逼真美观，色彩丰富绚丽，裁剪拼接简单、容易。

· **超轻超薄。**厚度薄、重量轻，可减轻楼体承重并节约空间。

· **超强耐磨。**耐磨层在正常情况下可使用 5~10 年，还具有较强的耐酸碱腐蚀性能。

· **高弹性和恢复性。**弹性极佳，脚感舒适；对重物冲击有很强的弹性恢复，不容易损坏。

· **防火、防潮。**质量合格的 PVC 地板本身不会燃烧并且能阻止燃烧；不怕水，不会因为潮湿霉变；导热性能良好，散热均匀；有较强的杀灭细菌能力和抑制细菌繁殖的能力。

材料分类及特点

PVC 地板根据结构可分为多层复合型、同质透心型和半同质体型三类。

名称	例图	特点	适用范围
多层复合型 PVC 地板		由多层结构组成 一般有耐磨层、印花膜层、玻璃纤维层、弹性发泡层和基层等 较厚实，弹性较佳，吸音性能佳	酒店、办公室、售楼处、餐厅、住宅
同质透心型 PVC 地板		从上至下的花纹完全一致 厚度较薄，耐磨性好 具有可修复性	酒店、办公室、售楼处、餐厅、住宅
半同质体型 PVC 地板		由纯 PVC 耐磨层和背层结合组成 结合了多层复合型良好的吸音效果和同质透心型的耐磨优势	酒店、办公室、售楼处、餐厅、住宅

施工及安装步骤

PVC 地板施工流程：

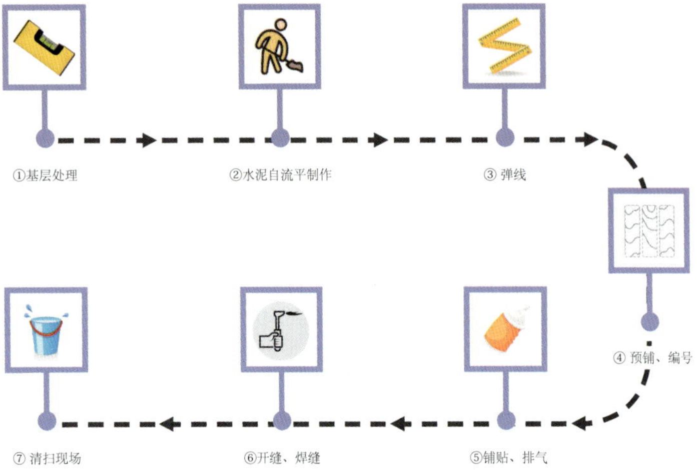

施工要点：

· PVC 地板施工前应于现场放置 24 小时以上，使材料温度与施工现场一致。

· 铺贴完成后，先用软木块推压表面进行排气，随后用钢压辊均匀滚压并及时修整起翘处。

· 排气完成 24 小时后，再进行焊缝，焊接前需将相邻板块的边缘处理成 V 形槽。

温馨提示

在铺设 PVC 地板前，需对基层进行检测，主要包括以下两点：

（1）含水率：使用含水率测试仪检测基层的含水率，基层的含水率应小于 3%。

（2）平整度：用 2 米靠尺检测，高低差小于 2 毫米为合格，否则应采用适合的水泥自流平进行找平；水泥自流平试工之前的地表应当平整、干燥、坚固，没有灰尘和污浊。

施工方式

PVC 地板施工有无缝施工、搭接施工和锁扣连接三种方式。

无缝施工

操作：两片地板之间应紧贴而不留接缝。将地板从中间向两边翻起，同样将地面及地板背面清洁后上胶粘贴。

适用：PVC 片材地板。

搭接施工

操作：两块地板的搭接处应采用重叠切割，一般是要求重叠 30 毫米，切割时应一刀割断。将地板的一端卷折起来，先清扫地坪和卷材背面，然后刮胶于地坪之上，再粘贴。

适用：PVC 卷材地板。

锁扣连接

操作：两块地板之间通过板块自带的锁扣连接在一起。

适用：PVC 片材锁扣地板。

施工常见问题

起泡、翘边

原因：施工工艺不恰当、胶黏剂选择错误或材料问题。

解决：可补胶后重新进行滚压，或揭掉地板重新铺装。

起鼓

原因：基层含水率不合格或水泥自流平施工问题。

解决：将地板揭掉，地面处理平整、干燥后重新铺装。

裂缝

原因：地面不平或施胶少。

解决：拆掉地板，地面处理平整、干燥后重新铺装；根据裂缝的大小决定补蜡、重新灌胶。

家装经典案例

①③灰绿色乳胶漆　②⑤⑥多层复合型 PVC 地板　④白色釉面砖　⑦蓝色乳胶漆

③
④
⑤

⑦
⑥
KINGSROAD

公装经典案例

①金属片吊顶　②实木板　③⑤半同质体型 PVC 地板　④白色乳胶漆

设计须知

· 家庭使用可选择普通的 PVC 地板，而公共空间则需要根据使用场所的人流量、功能等特点选择适合功能的款式，如抗菌、防污等。

· PVC 地板耐热、不变形，适合地热采暖的空间。

· 选择 PVC 卷材地板时，需注意其幅宽与空间尺寸的匹配问题，避免耗材过多。

水泥地坪

近年来工业风大行其道，使得水泥材质的地坪越来越受到人们的欢迎，此类地坪材料以水泥为原料，具有水泥独有的时尚感。用途广泛，家装和多种公共场所均适用，且适合多种室内风格，如工业风、新中式风格、现代风格等。

市场价格 | 连工带料价格为 80~700 元 / 平方米。

材料性能

水泥地坪的具体特点如下：

· **绿色环保。**原料构成简单，不存在对人体有害的物质。

· **效果独特。**水泥地坪以各种灰色为主，粗犷、原始又具有艺术感，效果独特而个性。

· **施工简单、快速。**铺设其他地材时，也需要做找平处理，若直接使用了水泥地坪，则省去了后续步骤。其中，水泥自流平施工特别快速，5 小时左右即可上人行走。

· **养护较困难。**大部分的水泥地坪都有一些显著的缺点，如容易起砂、不耐脏等，且养护期的养护很重要，否则容易开裂。

材料分类及特点

水泥地坪主要包括普通水泥地坪、水泥粉光地坪、水泥自流平和磐多魔四种类型。

名称	例图	特点	适用范围
普通水泥地坪		硬度高，价格低 易起灰，易开裂，装饰性差 多用在农村房屋的地面，现在很少使用	农村住宅
水泥粉光地坪		原料为水泥砂浆，共有两层 表层均匀细腻 不易开裂，即使有裂缝也比较细 除了可装饰地面外还可装饰墙面	咖啡厅、KTV、酒吧、售楼处、办公室、餐厅、住宅
水泥自流平		由多种活性成分组成的干混型粉状材料 稍经刮刀展开，即可获得高平整基面 无污染、美观、快速施工与投入使用 分为垫层自流平和面层自流平，前者用于找平，后者可直接作为地材使用	咖啡厅、KTV、酒吧、售楼处、办公室、餐厅、住宅
磐多魔		可调和成其他彩色， 不收缩、不龟裂，硬度极强 效果可以和天然石材相媲美 开裂后可用砂纸打磨修补，每三个月定期打蜡保养 可装饰地面、墙面和顶棚	酒店、会所、咖啡厅、KTV、酒吧、售楼处、办公室、餐厅、住宅

施工及安装步骤

水泥自流平施工流程：

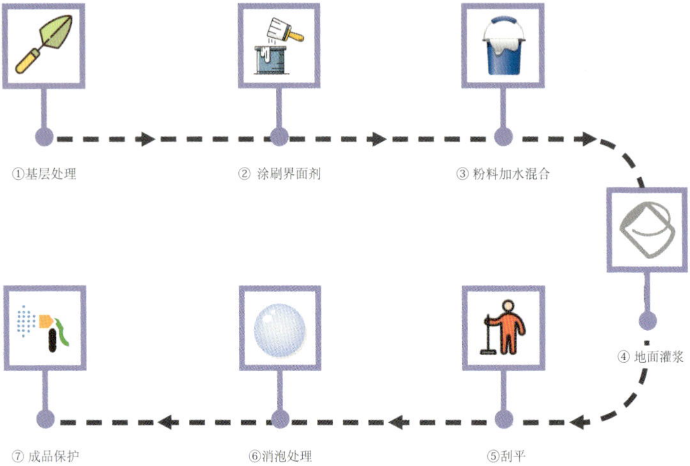

施工要点：

· 施工前必须用打磨机对基础地面进行打磨，磨掉杂质、浮尘和砂粒，而后用吸尘器吸干净。

· 界面剂涂刷应做到分布均匀。涂刷 1~2 遍，裂缝需用玻璃丝布粘接。

· 根据各厂家要求加水，最好使用量桶，搅拌 3~5 分钟。

· 灌浆应使用专用刮板刮平，根据产品要求厚度一般为 4~6 毫米。

温馨提示

基层处理的好坏对水泥自流平的涂刷效果有着直接关系，要求如下：

（1）外观：水泥砂浆不能空壳、不能有砂粒；2 米范围内高低差小于 4 毫米。

（2）内部：地面含水率用测试仪器测量不超过 17%，水泥强度不得小于 10 兆帕。

施工方式

水泥地坪的施工有普通砂浆法、粉光法、自流平和磐多魔四种。

普通砂浆法

用料：水泥砂浆。

操作：铺一层至少 5 厘米厚的水泥砂浆，铺好后用磨光机打磨抛光。

粉光法

用料：水泥砂浆。

操作：第一层为粗坯层，厚度 15 毫米；再用细砂浆覆盖在粗胚坯上，厚 5 毫米，为粉光层。

自流平

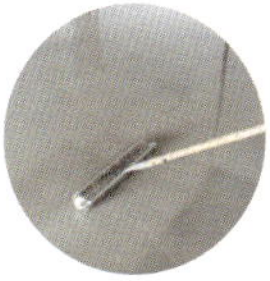

用料：粉状料，需加水搅拌。

操作：将缓和后的浆灌在地面上，推平。

磐多魔

用料：粉状料。

操作：自流平施工完成再经由四道抛磨程序后，于表面再涂上保护油。

施工常见问题

开裂

原因：养护不到位。

预防：养护方式为洒水保湿。一般养护天数宜为 14~21 天，高温天气不宜少于 14 天，低湿天气不宜少于 21 天，应特别注重前 7 天的保湿、保温养护。

起灰

原因：基层不够整洁。

预防：基层不可有任何灰尘、杂物，否则必须清理干净再施工。

家装经典案例

① 树脂造型　② ⑥ 水泥粉光墙面　③ ⑤ ⑦ 水泥自流平　④ 墨绿乳胶漆

④
⑤

⑥
⑦

公装经典案例

① 艺术涂料 ② 城堡石 ③ ⑤ 水泥粉光地面 ④ 彩色手绘 ⑥ 金属网 ⑦ 碳化木

设计须知

· 水泥地坪虽然效果独特，但开裂或起灰属于材料不可避免的天然缺陷，因此建议根据使用场所的用途决定具体地坪的类型。

· 粉光做法可墙、地面通用，设计时，可做成一体式设计来增添个性感。

· 磐多魔的纹理非常有特点，比起家装更适合较高档的公共场所使用。

地毯

地毯是以棉、麻、毛、丝、草纱线等天然或合成纤维为原料，经编织而成的软性地材，集装饰性和实用性为一体。按其形态可分为块毯、拼块毯和满铺地毯三种类型。块毯家居、公共场所均适用，另外两种较适合公共场所。

市场价格 | 连工带料价格为 100~500 元 / 平方米。

材料性能

地毯有良好的实用性与精美的装饰美感，其特点如下：

· **艺术美感。**具有丰富的图案、绚丽的色彩、多样化的造型，是其他地材无法比拟的。

· **脚感舒适。**地毯为软性材料，脚感舒适有弹性，且具有温暖感。

· **吸音降噪。**结构紧密透气，可以吸收及隔绝声波，有良好的隔音效果。

· **改善空气质量。**表面绒毛可以捕捉、吸附空气中的尘埃颗粒，有效改善室内空气质量。

· **安全性高。**不易滑倒磕碰，即使摔倒也不容易受伤，非常安全。

· **调节温度。**冬天可以保暖，夏天可以防止冷气流失，达到调温、节能的目的。

材料分类及特点

地毯按照材质可分为羊毛、混纺、纯棉、化纤和天然纤维编织地毯等类型。

名称	例图	特点	适用范围
羊毛地毯		毛质细密，具有天然的弹性，受压后能很快恢复原状，吸音、保暖、脚感舒适 不带静电，不易吸尘土，阻燃 图案精美，不易老化褪色	酒店、会所、住宅
混纺地毯		掺有合成纤维，使用性能有所提高 花色、质感和手感上与羊毛地毯差别不大 克服了羊毛地毯不耐虫蛀的缺点 具有更高的耐磨性，吸音、保湿、弹性好	酒店、会所、酒吧、KTV、售楼处、餐厅、住宅
纯棉地毯		抗静电，吸水性强，脚感柔软舒适 便于清洁，可以直接放入洗衣机清洗 耐磨性不如混纺和化纤地毯	酒店、会所、住宅
化纤地毯		包括聚丙烯地毯、丙纶地毯、尼龙地毯等 耐磨性好且富有弹性，价格较低 克服了纯毛地毯易腐蚀、易霉变的缺点 阻燃性、抗静电性相对较差	酒店、会所、酒吧、KTV、售楼处、餐厅、住宅
天然纤维编织地毯		由草、剑麻、玉米皮等材料纺织而成 乡土气息浓厚，效果自然、淳朴 更适合夏季铺设 易脏、不易保养，不适合潮湿地区	酒店、会所、住宅

施工及安装步骤

地毯黏结式施工流程：

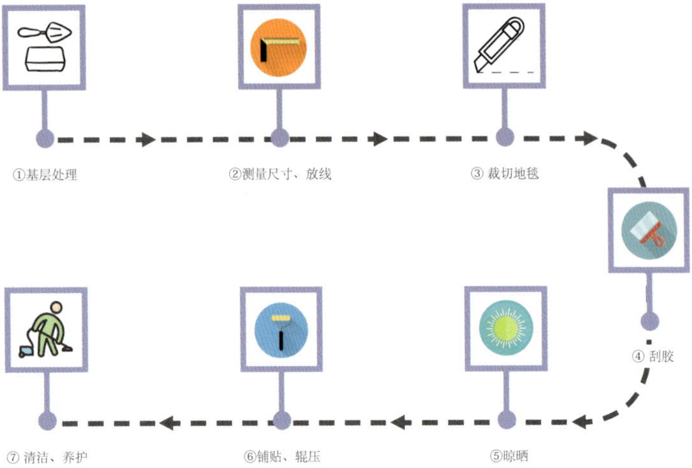

施工要点：

· 根据测量的尺寸量出实际用料，进行裁切。测量一定要准确，满铺地毯需找出拼缝线。

· 满铺时从拼缝线处向两边铺贴，拼块毯应选好起铺点。

· 拼块毯时每块的背面都有箭头，全部箭头需朝向一个方向铺贴，块块顶紧。

· 完成后用 25~50 千克的毡辊压实，将地毯下面的气泡赶出。

温馨提示

拼块地毯和满铺地毯的铺装，需注意基层和踢脚板的处理：

（1）平整度：地面必须平整、光滑、洁净，含水率应≤ 8%。

（2）踢脚板：踢脚板应已完成安装，下沿至地面的间隙应比地毯厚度大 2~3 毫米。

施工方式

地毯的施工方式有黏结式铺装、倒刺板卡条铺装和活动式铺装三种方式。

黏结式铺装

操作：用胶将地毯和基层地面连接在一起。

适用：满铺地毯、拼块地毯。

倒刺板卡条铺装

操作：将地毯裁切完成后，钉好倒刺板，而后将垫层黏结在地面上，缝合地毯后，将地毯固定在倒刺板上，收边。

适用：满铺地毯。

活动式铺装

操作：不采用任何胶黏剂粘贴的铺装方式，地毯不与地面固定，可随时移动。铺装时，需将地毯的边缘用家具压住，否则容易移位。

适用：方块地毯。

施工常见问题

表面不平、打褶、鼓包

原因：铺设时，缝合、拉伸与固定、胶黏剂粘接固定未认真按照操作工艺要求去做。

预防：铺设时严格把关。

拼缝不平、不实

原因：施工时没有处理到位。

预防：可采取加衬垫的方法用胶黏剂把衬垫粘牢，同时要认真把面层和垫层拼缝处的缝合工作做好，并满刷胶黏剂粘接牢固。

花饰不对称

原因：没有进行试铺而盲目操作或对花不认真。

预防：对花应仔细、认真。

家装经典案例

① ③ PU 装饰线 ② ⑥ 羊毛地毯 ④ 混纺地毯 ⑤ 合成壁纸

③
④

⑤
⑥

公装经典案例

① 金属方通喷涂彩漆　② 大理石　③ 混纺地毯　④ 壁纸　⑤ 羊毛地毯

设计须知

· 地毯的色彩可比地面突出，但不能抢夺家具的主体地位，否则容易显得层次混乱。

· 选择地毯的色彩和花纹时，应与室内其他家具、布艺或整体风格相协调。

· 除了花色外，选择地毯还应注意材质。如人流少的高档酒店房间、家居卧室等区域可使用羊毛地毯，而人流多的办公室、KTV 等场所更适合使用化纤地毯。

7

第七章
吊顶材料

石膏板

矿棉板

金属吊顶

软膜顶棚

吊顶是设计在室内顶部的一种装饰，是室内装饰的重要组成部分之一。

吊顶具有多种作用，例如保温、隔热、吸音、隔音、装饰等，同时还是容纳中央空调、新风系统、管线等部分设备的隐蔽手段。

吊顶按照材质可分为纤维类、金属类、木质、PVC类和复合类五种。

纤维类 比较常用的一种吊顶建材，最常用的为石膏板和矿棉板，具有吸音、质轻、不燃等特点。

金属类 包括有铝板、不锈钢板、铜板、钢板等类型。其中，铝板易加工、可塑性强、性价比高，使用最多。

木质 包括有夹板顶棚和实木顶棚两类，色彩比其他类别的顶棚深一些，比较适合高大空间。

PVC类 具有代表性的为PVC扣板，现在已经较少使用。

复合类 代表为软膜顶棚，它可与灯光完美结合，营造出具有视觉冲击力的效果，主要在公共场所中使用。

石膏板

石膏板是以建筑石膏为主要原料制成的一种材料，是当前着重发展的新型轻质板材之一，不仅可用作吊顶，还可制作隔墙。它种类较多，吊顶工程中常用的为纸面石膏板和装饰石膏板。

市场价格 | 连工带料价格为 120~260 元 / 平方米。

材料性能

石膏板的特点具体如下：

· **质轻。**作隔墙时，重量仅为砖墙的 1/3~1/4。

· **防火性优异。**属非燃材料，其耐火极限可达 2 小时以上，有的可用作钢结构的防火保护层。

· **装饰功能好。**表面平整，板与板之间通过胶结料可牢固地黏结在一起，形成无缝结构。

· **易加工。**可钉、可锯、可粘，施工方便，用它做装饰，比传统的湿法作业效率更高。

· **调节湿度。**当空气中的湿度比石膏板本身的含水量大时，它能吸收空气中的水分；反之，则石膏板可以放出板中的水分，具有调节室内空气中湿度的作用。

材料分类及特点

石膏板可分为纸面石膏板、功能性纸面石膏板、无纸面石膏板和装饰石膏板等。

名称	例图	特点	适用范围
纸面 石膏板		以石膏料浆为夹芯，两面用纸作护面的石膏板，是目前使用率最高的一种 质地轻、强度高、防火、防蛀、易于加工	酒店、会所、咖啡厅、KTV、酒吧、售楼处、办公室、餐厅、住宅
功能性纸 面石膏板		纸面经过了耐水或耐火处理 可用于湿气较大或有防火要求的房间 如卫浴间、厨房等	酒店、会所、咖啡厅、KTV、酒吧、售楼处、办公室、餐厅、住宅
无纸面 石膏板		石膏粉中加入各种纤维作为增强材料制成 外表无护面纸板，应用范围有所扩大 其综合性能优于纸面石膏板	酒店、会所、咖啡厅、KTV、酒吧、售楼处、办公室、餐厅、住宅
装饰 石膏板		装饰性较强，有多种图案、花饰 包括石膏印花板、穿孔吊顶板、石膏浮雕吊顶板、纸面石膏饰面装饰板等 轻质、防火、防潮、易加工、安装简单	酒店、会所、咖啡厅、KTV、酒吧、售楼处、办公室、餐厅、住宅

施工及安装步骤

石膏板吊顶施工流程：

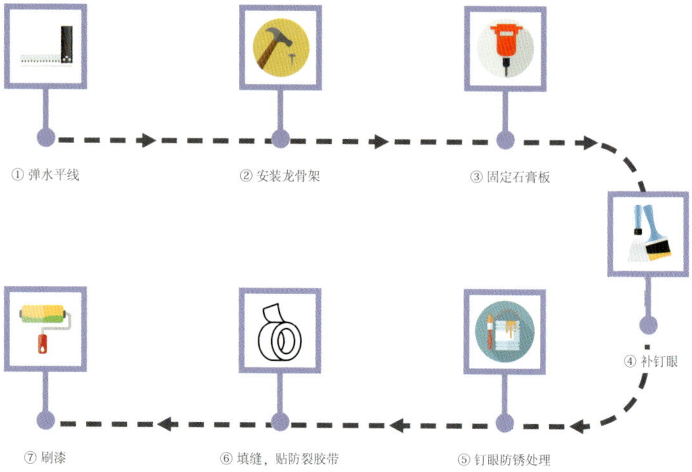

施工要点：

· 水平线弹好后要用水平管来测量墨线是否水平，若有偏差需要重新操作。

· 若使用木龙骨做吊顶，木龙骨的表面需均匀涂刷防火涂料，整根变白后再钉在墙上。

· 次龙骨间距一般不应大于 600 毫米，在南方潮湿的地区，则以 300 毫米为宜。

· 螺钉与板边距离不应小于 15 毫米，螺钉间距以 150~170 毫米为宜，均匀布置，与板面垂直。

· 钉头嵌入石膏板深度以 0.5~1 毫米为宜。钉帽应涂刷防锈涂料，并用石膏板腻子抹平。

温馨提示

石膏板吊顶的缝隙处理非常关键，处理不好容易开裂，需注意以下两点：

（1）形状：板块之间的接缝应处理成“V”字形，而不应采用直缝。

（2）贴缝：填完缝隙后需在表面贴一层防裂胶带，以防止热胀冷缩造成顶面开裂。

施工方式

石膏板的施工方式分为钉固法和黏结法两种。

钉固法

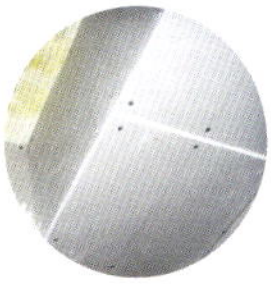

操作：石膏板和框架之间采用钉子连接固定。

适用：纸面石膏板、功能性纸面石膏板及无纸面石膏板。

界面：吊顶、隔墙、墙面装饰。

黏结法

操作：石膏板和基层之间用胶黏剂连接固定。

适用：纸面石膏板、装饰石膏板。

界面：墙面装饰。

施工常见问题

变形

原因：吊杆布置不合理。

预防：在布置吊杆时，应按设计要求弹线，确定吊杆的位置，距离不能过大。

拱度不均匀，出现波浪形

原因：木龙骨吊杆水平度不均或节点松动。

预防：可利用吊杆或吊筋螺栓的松紧调整龙骨的拱度；如果吊杆被钉劈裂而使节点松动时，必须将劈裂的吊杆更换。

裂缝

原因：缝隙处的施工方式有问题。

预防：板块之间必须做 V 形缝，缝隙填好后表面需用防裂胶带粘贴；多层级吊顶不同层级的石膏板之间必须错缝安装。

拼接处不平整

原因：没有对主、次龙骨进行调整，或固定螺栓的排列顺序不正确。

预防：在安装主龙骨后，及时检查其是否平整，边安装边调试；固定螺栓时，应从板的中间向四周固定，不得多点同时作业。

家装经典案例

①③⑤石膏板吊顶　②抛光砖　④大理石拼花　⑥手绘壁纸

③
④

⑤
⑥

公装经典案例 1

① 金属方通 ② 银灰色树脂板 ③ ⑤ 浮雕石膏板 ④ 印刷玻璃 ⑥ 大理石

公装经典案例 2

①⑤⑥石膏板吊顶　②人造皮革软包　③ 大理石拼花　④超白镜　⑦UV 板

设计须知

· 石膏板可结合使用场所的性质选择适合的种类，如高级酒店、会所对装饰性要求较高，除了使用纸面石膏板吊顶，还可选择装饰石膏板。

· 除规矩的造型，还可将石膏板设计成多块面悬吊式的造型，个性且有趣味性，较适合家居儿童房、酒店房间、餐厅包间等。

矿棉板

矿棉板指矿棉装饰吸声板，它以粒状棉为主要原料加入其他添加物高压蒸挤切割制成，不含石棉，防火、吸音性能好。表面一般有各种类型的孔洞，本色为白色或灰白色，但可涂刷各种色浆来改变颜色。

市场价格 | 连工带料价格为 50~200 元 / 平方米。

材料性能

矿棉板为顶面装饰建材，其特点如下：

- **图案多样。**表面有滚花和浮雕等效果，图案有满天星、毛毛虫、十字花、中心花、核桃纹、条状纹等多种类型。
- **无害、无污染。**添加的有机纤维为回收再利用的旧报纸，不含石棉、甲醛等有害物质。
- **吸音、降噪。**能够有效消除噪声，减轻疲劳，消除烦躁。
- **改善环境。**能够吸附分解有害气体，增加室内负氧离子浓度，并吸附空气中多余的水分。
- **防火。**在发生火灾时不会燃烧，从而有效地阻止火势的蔓延。

材料分类及特点

矿棉板按照表面处理方式可分为毛毛虫、针孔花纹、喷砂、条纹和浮雕立体等类型。

名称	例图	特点	适用范围
毛毛虫矿棉板		表面采用开放型处理方式 孔洞类似毛毛虫 包括小毛毛虫和大毛毛虫两类 是最常见的一种矿棉板，吸音效果很好	酒店、会所、咖啡厅、KTV、酒吧、售楼处、办公室、餐厅
针孔花纹矿棉板	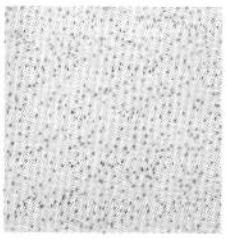	表面孔洞类似密布的针孔 吸音能力较好 包括小针孔和大针孔两种，后者较常用	酒店、会所、咖啡厅、KTV、酒吧、售楼处、办公室、餐厅
喷砂矿棉板		表面喷涂了一层密集的砂状颗粒 质感与真石漆类似，装饰效果较好 可用于各种造型，防潮能力较好	酒店、会所、咖啡厅、KTV、酒吧、售楼处、办公室、餐厅
条纹矿棉板	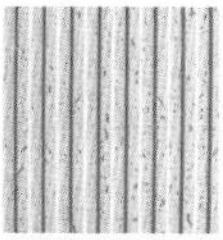	花纹为起伏的条形 有带孔和不带孔两类 吸音效果好，装饰效果好 施工以粘贴为主	酒店、会所、咖啡厅、KTV、酒吧、售楼处、办公室、餐厅
浮雕立体矿棉板		花纹为立体状，表面凹凸不平 有带孔和不带孔两类 吸音效果好，装饰效果好 施工以粘贴为主	酒店、会所、咖啡厅、KTV、酒吧、售楼处、办公室、餐厅

施工及安装步骤

矿棉板施工流程：

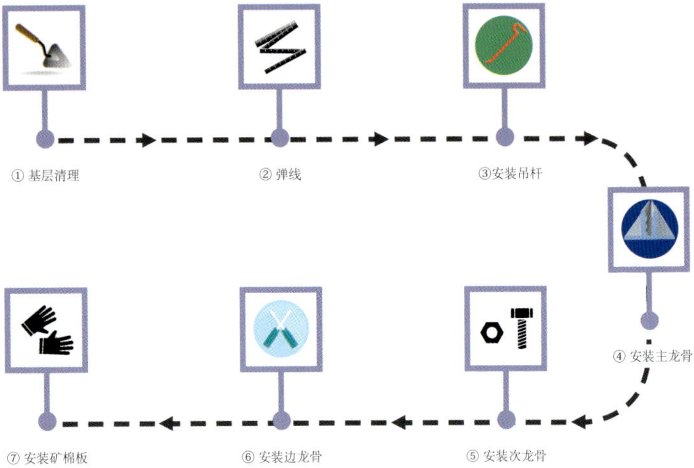

施工要点：

· 根据图纸先在墙上、柱上弹出顶棚标高水平墨线，在顶板上画出吊顶布局。

· 根据施工图确定吊杆位置，安装预埋件，刷防锈漆，采用膨胀螺栓固定吊挂杆件。

· 主龙骨间距为 900~1200 毫米；次龙骨间距同板横向规格；边龙骨固定间距为 200 毫米。

· 矿棉板安装时，应注意板背面的箭头和白线方向一致，以保证花样、图案的整体性。

温馨提示

矿棉板吊顶一般使用轻钢龙骨做骨架，龙骨架的安装对吊顶的平整度有着至关重要的影响：

（1）主龙骨：接头要错开；吊杆的方向也要错开，避免主龙骨向一边倾斜。

（2）次龙骨：中、小龙骨必须和大龙骨底面贴紧。

施工方式

矿棉板的施工方式有搭接法和黏结法两种。

搭接法

操作：顶部先安装轻钢龙骨架，再将矿棉板搭接在龙骨架上固定。

适用：毛毛虫矿棉板、针孔花纹矿棉板及喷砂矿棉板。

界面：吊顶。

黏结法

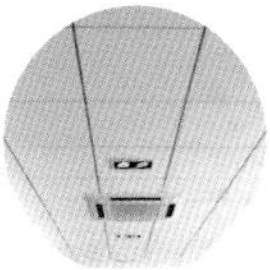

操作：矿棉板与基层用胶黏剂固定黏接。

适用：条纹矿棉板、浮雕立体矿棉板。

界面：吊顶、墙面。

施工常见问题

吊顶不平

原因：主龙骨安装时吊杆调平不认真，造成各吊点的标高不一致。

预防：施工时应认真操作，检查各吊点的紧挂程度，并拉通线检查标高与平整度是否符合设计要求和规范标准的规定。

间隙缝不直

原因：罩面板规格有偏差，安装不正。

预防：施工时注意板块规格，拉线找正，安装固定时保证平整、对直。

压缝条、压边条不严密、不平直

原因：加工条材规格不一致。

预防：使用时应进行选择，操作拉线找正后固定、压粘。

板块色差大或有污染

原因：施工前未对矿棉板的色差进行筛选；安装板块时，未做保护，或提前去掉了保护膜。

预防：施工前应对板块的色差进行筛选，去掉色差较大的板块；安装板块时应戴手套，固定完成后再撕掉保护膜。

公装经典案例·

①⑤白色 UV 板　②清水混凝土水泥板　③浮雕立体矿棉板　④针孔花纹矿棉板　⑥实木板

设计须知

· 选择矿棉板尺寸时，注意公制和英制的差别，避免与灯具尺寸出现偏差。

· 潮湿的房间或区域内，应选择具有防塌陷功能的产品。

· 追求个性或美观性的场所，当空间足够宽敞时，同一个顶面可以采取不同花纹的板块做拼花设计。

金属吊顶

金属吊顶指采用各类金属材料加工成型，而后在其表面进行装饰性处理的吊顶建材，所用金属包括铝合金、钢材、不锈钢、铜等，形态有条、块、网、异形、格栅等类型，较多地用于公共场所的装修中。

市场价格 | 连工带料价格为 200~1000 元 / 平方米。

材料性能

金属吊顶品种多，可塑性强，其特点如下：

· **款式多样。**金属材料加工容易，因此吊顶的形态变化多样，颜色丰富，具有较好的装饰性，有些材质还可根据需要进行样式定制。

· **可随时拆卸。**金属板吊顶可随时拆卸，便于检修吊顶内部的设备。

· **耐火性好。**金属具有不燃的特点，耐火极限高。

· **耐腐蚀。**具有很强的抗腐蚀性能，强度高，不易变形。

· **吸音。**带有穿孔处理的金属板，具有吸音效果。

材料分类及特点

金属吊顶根据形态可分为金属条板、金属块板、金属网、金属异形板和金属格栅五种类型。

名称	例图	特点	适用范围
金属条板		安装方式有暗架式、挂钩式等 均可随时拆卸，方便设备维修 可做成密闭式，也可做成半开敞式	酒店、会所、咖啡厅、KTV、酒吧、售楼处、办公室、餐厅、住宅
金属块板		安装方式有明架式、暗架式、钩挂式等 均可随时拆卸，方便设备维修	酒店、会所、咖啡厅、KTV、酒吧、售楼处、办公室、餐厅、住宅
金属网	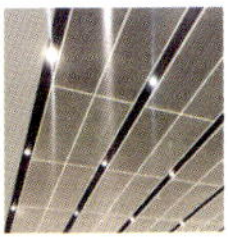	材质有钢质和合金两类 形态有拉伸扩张网和编织网两类 适用于开敞的大空间 造型简洁，拆装方便，不易变形，耐腐蚀	酒店、会所、咖啡厅、KTV、酒吧、售楼处、办公室、餐厅
金属异形板	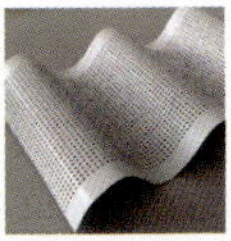	有波浪板、弧形板、锤片等 具有较为独特的装饰效果 适用于开敞的大空间	酒店、会所、咖啡厅、KTV、酒吧、售楼处、办公室、餐厅
金属格栅		一种连续的通透性装饰块 可对顶部隐藏的管线、设备等起到一定遮挡作用	酒店、会所、咖啡厅、KTV、酒吧、售楼处、办公室、餐厅

施工及安装步骤

金属吊顶施工流程：

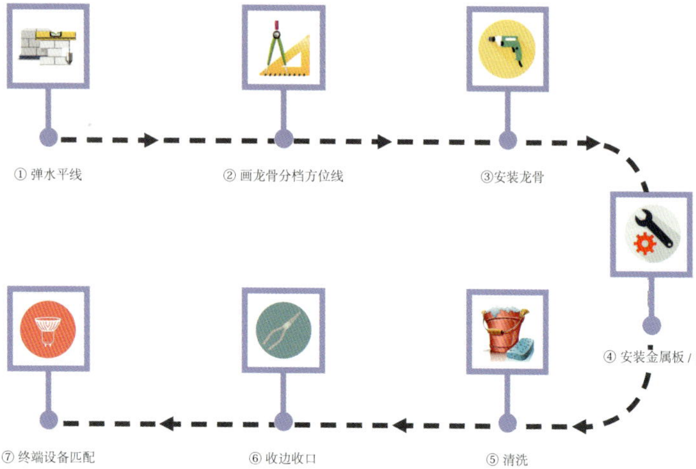

施工要点：

· 根据楼层的标高水平线、轴线、装饰完成面线，依照设计标高，找出房间的基点，并沿着全部顶棚的标高水平，在墙上画好龙骨的分档方位线。

· 主龙骨通常选用 C38/C50/C60 轻钢龙骨，距离宜为 1200m 毫米范围内。

· 金属板安装完成后，应认真清洗，这一步对日后的使用有十分重要的影响。

温馨提示

在安装金属吊顶时，还需要注意成品保护：

（1）其他设备：轻钢骨架的吊杆、龙骨不准固定在通风管道及其他设备件上。

（2）罩面板：必须在顶棚内进行管道试水、试压，保温等一切工序全部验收合格后再进行安装。

施工方式

金属吊顶的施工方式可分为单层龙骨固定和双层龙骨固定。

单层龙骨固定

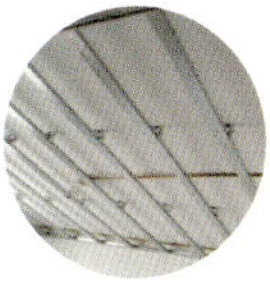

操作：主龙骨直接悬挂于板下。

优点：造价低。

缺点：承载力没有双层大，使用年限没有双层久。

适合：家装及不需要上人检修电路设备的场所。

双层龙骨固定

操作：在单层龙骨之上，另外有一层单向的主龙骨，这层单向的主龙骨悬挂于板下，单层龙骨就与单向的龙骨连接在一起。

优点：牢固、承载力大，方便上人检修设备。

缺点：造价比较高。

适合：酒店大厅、餐厅、KTV 等需要上人检修电路设备的场所。

施工常见问题

面层不平

原因：水平标高线控制不好、吊件安装不牢或龙骨跨度太大。

预防：施工前应墙面弹线，中间按平线起拱，安装完成后拉线调平；吊件必须安装牢固，严禁松动变形；龙骨跨度按要求设计。

接缝处异形

原因：板块角度控制不好，边角未按规定修整，排列不均匀。

预防：板块应严格控制角度和周边的规整性，尺寸要一致。安装时应通线找直，并按拼缝中心线排放饰面板，排列必须整齐。

吊顶与设备衔接不妥

原因：预留部分与设备尺寸不符合。

预防：选择合适灯饰、通风口等组件，最好适合板材的模数。如果设备组件太重，应考虑为组件独立设立悬吊系统。

公装经典案例 1

① 石膏板吊顶　② 布艺硬包造型　③ ⑤ 金属格栅板吊顶　④ ⑥ 大理石拼花

③
④

⑤
⑥

公装经典案例 2

①③⑤金属异形板吊顶　②④大理石　⑥白色亚光饰面板

设计须知

· 明装式的金属块板，除了单独使用，还可与其他不同规格、不同色彩的装饰板组合，装饰出个性的效果。

· 选择金属格栅时，需要注意厚度；选择金属拉伸扩张网则需注意平整度。

· 设计金属吊顶时，应特别注意吊顶与灯具、机电等设备的衔接问题。

软膜顶棚

软膜顶棚是一种近年被广泛使用的室内装饰材料，软膜尺寸的稳定性在 -15 摄氏度 ~45 摄氏度时最好。它具有透光性，可配合各种灯光系统营造梦幻般、无影的室内灯光效果，如霓虹灯、荧光灯、LED 灯等。

市场价格 | 连工带料价格为 100~1500 元 / 平方米。

材料性能

软膜顶棚与玻璃等透光材料相比更安全，除此之外还有以下多种特点：

· **色彩丰富。**有多种色彩和类型，如亚光面、光面、绒面、金属面等。

· **创造性强。**软膜表面可进行打印图案，设计上可发挥的创意性强。

· **防火、防水。**由 PVC 制成，符合国家的多个防火标准；安全结构上采用封闭式设计，遇到漏水时，可暂时承托污水。

· **抗菌。**生产时做了抗菌处理，能够抵抗和防止一般的发霉菌生长于物体表面。

· **安装便利。**可直接安装在多种类型的墙壁和结构上，适合各种建筑结构。

材料分类及特点

软膜顶棚按照表面肌理可分为基本膜、光面膜、透光膜、哑光面膜和图案定制膜等。

名称	例图	特点	适用范围
基本膜顶棚		较原始的一个种类，价格最低 表面效果类似于普通油漆的涂刷效果 适用于经济型装修	酒店、会所、咖啡厅、KTV、酒吧、售楼处、办公室、餐厅、住宅
光面膜顶棚		软膜表面有很强的光泽感 能够产生类似镜面般的反射效果	酒店、会所、咖啡厅、KTV、酒吧、售楼处、办公室、餐厅、住宅
透光膜顶棚		乳白色的半透明膜 在封闭的空间内透光程度可达到 75% 能产生均匀、柔和、独特的灯光效果	酒店、会所、咖啡厅、KTV、酒吧、售楼处、办公室、餐厅
亚光面膜顶棚		光泽感比光面膜略差一些，但与基本膜相比 具有纯净、高级感的装饰效果	酒店、会所、咖啡厅、KTV、酒吧、售楼处、办公室、餐厅
图案定制膜顶棚		采用打印技术制作 可在膜上定制打印各种图案 具有丰富和独特的装饰效果	酒店、会所、咖啡厅、KTV、酒吧、售楼处、办公室、餐厅

施工及安装步骤

软膜顶棚施工流程：

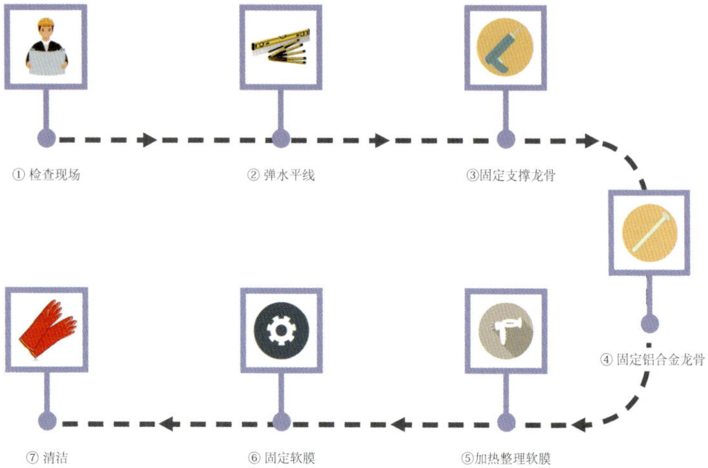

施工要点：

· 在需要安装软膜的水平高度位置固定一圈 4 厘米 ×4 厘米的支撑龙骨，木龙骨或方钢管均可。

· 当所有的安装软膜顶棚的铝合金龙骨固定好以后，再安装软膜。

· 软膜固定前应打开专用的加热风炮充分、均匀加热。

· 安装顶棚时先从中间往两边固定，焊接缝要直，最后做角位，整体应平整光滑。

温馨提示

施工前应先到现场考察是否有施工条件，包括以下项目：

现场墙身及抹灰部分已完成，且有条件安装龙骨。木工部分已合格，灯、风口等开孔尺寸已提前加工好。电源线、线头、喷淋头等已包扎好。

施工方式

软膜顶棚的施工方式总体可分为常规形状顶棚安装和异形顶棚安装两类。

常规形状顶棚安装

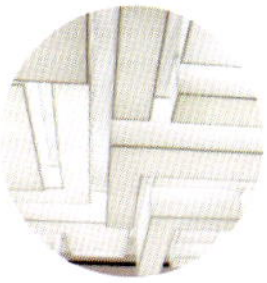

操作：根据设计情况，可省去安装支撑龙骨的步骤，直接安装铝合金龙骨。

适合：方形、长方形等规则形状顶棚。

界面：顶面、墙面。

异形顶棚安装

操作：需先固定支撑龙骨再固定软膜所需的专用铝合金龙骨。

适合：非常规形状顶棚。

界面：顶面、墙面。

施工常见问题

透光膜有阴影

原因：吊顶内的梁、线管、风管等未做隐蔽处理。

预防：可在软膜上方先用石膏板或铝塑板做一层吊顶，而后再安装软膜顶棚，以隐藏梁、线管、风管等。

软膜破损

原因：固定软膜前未对软膜进行检查。

预防：在软膜顶棚安装之前，必须对每块膜的拼接效果进行复核。若安装后发现破损不严重的可修补，严重的需拆下重装。

软膜污染或划伤

原因：安装时操作不规范。

预防：在膜的安装过程中，安装人员必须戴白手套，安装完成后应用柔软干毛巾轻轻擦拭一遍软膜。

烟感、吸顶灯底架过于凸出

原因：底架的水平高度过低。

预防：烟感、吸顶灯等配套的木底架，应注意水平高度不能过低。

公装经典案例 1

① ④ 软膜顶棚　② ⑤ ⑥ 砂岩　③ 大理石　⑦ 砖石文化石

④
⑤

⑥
⑦

公装经典案例 2

① 石膏板吊顶　② 金属管刷绿漆　③ PVD 地板　④ 软膜顶棚　⑤ 金属吊顶

设计须知

· 采用软膜顶棚时，80% 的情况下会与灯光组合使用，因此在安装光源时，如何精确达到设计的照度非常重要，且需要考虑检修问题。

· 软膜的设计方案变化多端，因此施工方式也会随之变化，因此在设计出一种方案后，需考虑是否能够顺利实施。

第八章
裱糊材料

合成壁纸
纯纸壁纸
手绘壁纸
墙布

裱糊材料就是指用粘贴的形式施工的一类装饰建材。

此类建材施工便利、快速，美化居住环境，满足使用的要求，还对墙体、顶棚起一定的保护作用。

室内装饰工程中常用的裱糊材料主要有两大种类：壁纸和墙布。

壁纸 是目前使用率最高的一类室内软性装饰建材，在塑造空间的能力上，有着非常大的想象空间。种类花色繁多，整体上可分为人造材质和天然材质两大类。

墙布 墙布与壁纸有很多相似之处，如种类和花色较多，两者最大的区别在于基底。壁纸基底种类较多，而墙布以棉布为主，相较来说，使用限制大于壁纸。

合成壁纸

壁纸也称为墙纸，通常用漂白化学木浆生产原纸，再经不同工序的加工处理，如涂布、印刷、压纹或表面覆塑等方式做出表面的纹饰。除纯纸壁纸外的其他类型壁纸均为合成壁纸，种类丰富，适用范围广。

市场价格 | 连工带料价格为 50~200 元 / 平方米。

材料性能

合成壁纸的具体特点如下：

- **装饰效果出色。**花色多样，其丰富的纹理和肌理感是其他壁材无法比拟的。
- **绿色环保。**合格产品所用材料均无毒、无污染、无刺激性，有些类型还可回收再利用。
- **抗拉扯。**由于纸基表面覆盖了其他材料，因此抗拉扯能力有所提升。
- **吸音、隔音。**合成壁纸较厚实，与乳胶漆等建材相比较，具有一定的吸音、隔音作用。
- **施工简单、快速。**裱糊施工，方便快捷、周期短。
- **易清洁。**大部分的合成壁纸，当表面有较浅淡的污渍时，均可擦拭去除。

材料分类及特点

常用的合成壁纸有 PVC 壁纸、无纺布壁纸、木纤维壁纸、植绒壁纸和编织壁纸等。

名称	例图	特点	适用范围
PVC 壁纸		原料为 PVC，有一定的防水性 表面有一层珠光油，不易变色 经久耐用，表面可擦拭 透气性不佳，湿润环境中对墙面损害较大	酒店、会所、咖啡厅、KTV、酒吧、售楼处、办公室、餐厅、住宅
无纺布壁纸		拉力强，不发霉发黄 防潮、透气、柔韧、不助燃 无毒、无刺激性、容易分解、可循环使用 花色相对来说较单一，色调较浅	酒店、会所、咖啡厅、KTV、酒吧、售楼处、办公室、餐厅、住宅
木纤维壁纸		绿色环保，透气性高 有相当卓越的抗拉伸、抗扯裂强度，是普通壁纸的 8 ~10 倍 易清洗，使用寿命长	酒店、会所、咖啡厅、KTV、酒吧、售楼处、办公室、餐厅、住宅
植绒壁纸		立体感比其他任何壁纸都要出色 有明显的丝绒质感和手感 不反光，具吸音性，无异味，不易褪色 不易打理，需精心保养	酒店、会所、住宅
编织壁纸		以草、麻、木、竹、藤、纸绳等十几种材料为主要原料手工编织而成 透气、静音，无污染，天然质朴 不适合潮湿的环境	酒店、会所、住宅

施工及安装步骤

合成壁纸施工流程：

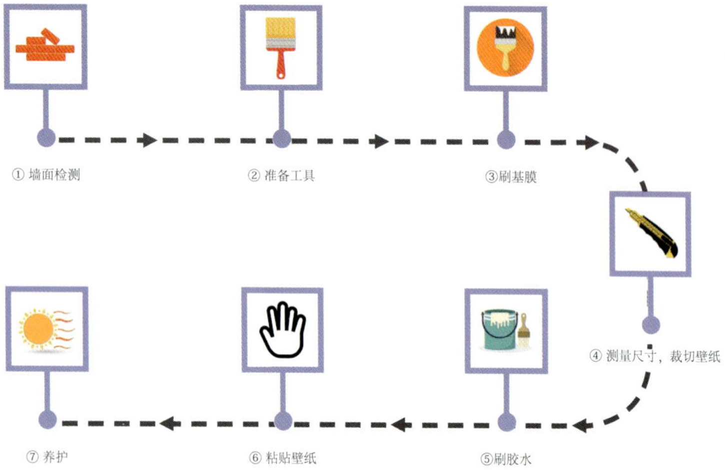

施工要点：

· 先在墙面上刷一层均匀的基膜，对墙体进行封闭和防潮处理，完全干燥后再开始施工。

· 带花纹的壁纸裁切时需根据墙面高度多留出 10 厘米左右的长度，作修边之用。

· 裁切完成后的壁纸需进行编号，防止粘贴顺序出错。

· 墙面涂胶时，需比壁纸的宽度多出 30 毫米左右，壁纸背面涂胶后应放置 5 分钟再使用。

温馨提示

粘贴壁纸对基层要求较高，包括以下方面：

（1）墙体表面：牢固、平整，无粉化、起皮和裂缝，乳胶漆的黏结强度符合的规定。

（1）含水率：使用墙体水分测量仪，含水率不大于 8% 才能施工。

施工方式

合成壁纸的施工方式有平行对花、错位对花和零对花三种方式。

平行对花

操作：同步对花，花纹平行或水平相对。第一幅壁纸要垂直粘贴，避免图案倾斜。

适合：横向排列图案的壁纸。

错位对花

操作：花纹交错相对，即张数为单数的壁纸花纹相同，张数与双数的花纹相同。计算用量时取花距的一半。

适合：斜向排列图案的壁纸。

零对花

操作：铺贴时无需对花。这类壁纸粘贴时，通常都需要正反贴。即第一幅正常帖，第二幅翻转 180 度。

适合：竖条或纹理状的图案。

施工常见问题

翘边

原因：基膜未涂刷到位、基层不干净、胶水黏结力不够或未阴干。

解决：用毛巾湿润接缝 4~5 分钟后揭开壁纸，刷胶重新粘贴壁纸；没有膨胀性的壁纸可以整张撕揭，轻轻拉长后再刷胶，之后慢慢阴干。

鼓包

原因：墙面过于湿润、上胶不均匀或基层处理较差。

解决：用针管注射的方式往小气泡的地方补胶粘贴；情况严重的需撕掉重贴。

离缝

原因：裁切壁纸时余量预留不足或粘贴时垂直方向歪斜。

解决：用相同纸搭茬粘或同色乳胶漆描补，如离缝严重需重新粘贴。

家装经典案例

① 蓝色合成壁纸 ② 白色墙裙 ③ 剑麻地毯 ④ 蓝色乳胶漆 ⑤ 复合地板 ⑥ 灰色合成壁纸

④
⑤

⑥

公装经典案例

① 植物图案合成壁纸 ②④ 青色釉面砖 ③ 大理石 ⑤ 灰色水泥地坪 ⑥ 白色水泥地坪

设计须知

· 可根据使用场所来选择适合的合成壁纸，如人流大的地方除了美观还应考虑保养的便利，如可擦拭的 PVC 壁纸就非常适合此类场所。

· 花纹较明显的壁纸，色彩、机理或图案与周围装饰有所呼应，会更具有整体感。

· 选择壁纸的花色时，除了考虑装饰性，还应考虑施工的难易程度等问题。

纯纸壁纸

纯纸壁纸是一种环保型数码壁纸，由两层原生木浆纸复合而成。由于使用纯天然纸浆纤维制成，因此透气性非常好，并且吸水吸潮，是一种理想的环保、低碳的室内装饰建材。

市场价格 | 连工带料价格为 50~200 元 / 平方米。

材料性能

纯纸壁纸特点如下：

- **图案清晰。**图案以数码打印方式制作，清晰细腻、逼真，色彩还原好。
- **色彩花型丰富。**印花工艺不复杂，色彩、花型可供选择的余地大。
- **透气防潮。**由植物纤维组成，透气防潮效果较好，不易受潮发霉。
- **环保性好。**去除了传统壁纸的化学成分，颜料为水性材料。这是最为环保的壁纸。
- **耐磨损。**表面涂有薄蜡，耐磨性较好。
- **易清洗。**抗污染性能较好，保养简单，用海绵蘸清水或清洁剂擦拭即可除去污渍。

材料分类及特点

纯纸壁纸可分为原生木浆纸壁纸和再生纸壁纸两类。

名称	例图	特点	适用范围
原生木浆纸壁纸		以原生木浆为原材料 经过打浆、表面印花制成 相对韧性比较好 表面相对比较光滑，显色好 每平方米的重量相对较重 价格较高	酒店、会所、售楼处、办公室、住宅
再生纸壁纸		制作原料为可回收物 经过打浆、过滤、净化处理制成 韧性比原生木浆纸差 表面多为发泡或半发泡型 每平方米的重量相对较轻 价格较低	酒店、会所、售楼处、办公室、住宅

施工及安装步骤

纯纸壁纸施工流程：

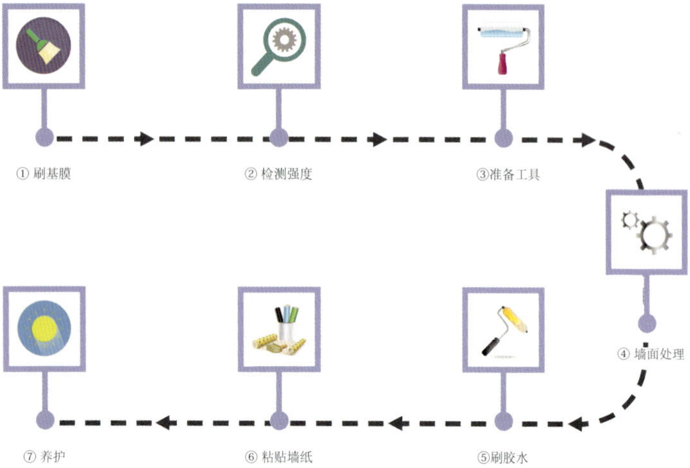

施工要点：

· 墙面在涂刷基膜后会留有一些小颗粒，在施工前须用裁刀清理墙面并用砂纸打磨一遍。

· 上胶时应注意浓胶薄涂，可有效避免纯纸干燥时间过长产生回缩而形式隙缝的现象。

· 上胶后需闷胶 10~15 分钟，让纸张充份吸收水分再粘贴，否则上墙后会产生大量气泡。

· 拼缝处理的最佳时间是在张贴 2~3 幅之后，此时可用平压轮轻轻压合。

温馨提示

纯纸壁纸的吸水膨胀率比其他壁纸大，所以对底层的牢固度和平整度要求更高：

（1）硬度：应选用高固含量的基膜，涂刷后硬度计检测，牢固度应达到 50HD。

（1）防水：用水喷湿涂刷基膜后的墙面，有水珠或流挂现象，但渗不进去。

施工方式

纯纸壁纸的施工方式可分为纸背上胶和墙面上胶。

纸背上胶

操作：用细毛滚筒将胶涂刷在纯纸壁纸的背面，闷胶后粘贴在墙面上，此法较为常用。

适合：所有壁纸。

墙面上胶

操作：墙面上胶，纸背擦水。纸背擦水以擦好水的纸拿起来没有水从纸上往下流为宜，纸边均需擦到，放置 3~5 分钟后再粘贴。

适合：纯纸壁纸。

施工常见问题

翘边

原因：基膜处理不到位使强度不够，导致纯纸壁纸反复膨胀收缩。

预防：基膜涂刷后测试硬度，达标后再粘贴壁纸。

接缝侧光发亮

原因：使用刮板处理了接缝。

预防：应用平压轮处理接缝，纯纸表面比较光滑，如果用刮板处理接缝，就是一个抛光的过程，就会导致接缝侧光发亮。

气泡

原因：基层处理不到位或闷胶时间不够。

预防：基膜涂刷应均匀到位，涂刷后严格检测；涂胶后注意闷胶时间。

有黑边

原因：涂胶过多，用毛巾或是海绵擦后就容易出现黑边。

预防：涂胶应注意均匀的薄涂，拼缝时按压壁纸而不是推动壁纸。

离缝

原因：施工时拼缝未处理好、胶水过稀或涂胶过厚。

预防：施工时注意接缝的处理，调胶时注意水的比例。

家装经典案例

① 抽象图案纯纸壁纸 ② 浅茶色护墙板 ③ 大理石 ④ 鸟图案纯纸壁纸 ⑤ 橘粉色乳胶漆
⑥ 白色护墙板

④

⑤
⑥

公装经典案例

① 薄木贴面板 ②⑥ 水泥砖 ③ 动物图案纯纸壁纸 ④ 白色釉面砖 ⑤ 二手木

设计须知

· 纯纸壁纸风格图案清晰、色彩之间对比强烈，比较适合美式、地中海和东南亚等风格。

· 纯纸壁纸比较容易裂缝，建议充分考虑温差、湿度等因素后再决定是否使用。

· 估算用量可避免浪费，通常壁纸的规格为宽 0.5 米、长 10 米，先计算一卷能完整铺贴的条数，再计算每卷能覆盖的周长，而后用周长除以总周长，即最大卷数。

手绘壁纸

手绘壁纸是一种纯手工绘制的大型壁画，它与传统壁纸一样可以连续张贴，且与手绘壁画相同的是可以绘制在任何适宜绘画的材质上，因此称为手绘壁纸。此种壁纸款式多样，具有浓郁的艺术气质，属于室内高档饰面建材。

市场价格 | 连工带料价格为 200~1000 元 / 平方米。

材料性能

手绘壁纸与手绘墙画的艺术感类似，但它绘制更便利、底材更丰富，其特点如下：

- **风格多样。**有多种风格可供选择，如中式手绘壁纸、欧式手绘壁纸、日韩手绘壁纸等。
- **图案灵动。**与其他壁纸不同的是，它的图案采取手绘方式制作，更具艺术感和灵动性。
- **柔和、高雅。**手感柔和、质感细腻、色泽高雅，丝绢类底材的款式极具高档感。
- **可代替装饰画。**装饰于背景墙上时，可直接代替装饰画使用。
- **有色差。**制作方式为纯手绘，所以不同批次的产品可能会存在色差。
- **保养困难。**保养比其他类型的壁纸困难，若沾染水渍可能会留下痕迹或导致变形。

材料分类及特点

手绘壁纸较为常见的有布面手绘壁纸、PVC 手绘壁纸、真丝手绘壁纸、金箔手绘壁纸和银箔手绘壁纸等。

名称	例图	特点	适用范围
布面手绘壁纸		底材为亚麻布、棉麻混纺布、丝绸布等 是手绘壁纸中较为常见的一种	酒店、会所、咖啡厅、售楼处、办公室、餐厅、住宅
PVC 手绘壁纸		材质为素色底的 PVC 材质 由于表层做过处理，国画无法绘制多用丙烯颜料彩绘	酒店、会所、咖啡厅、售楼处、办公室、餐厅、住宅
真丝手绘壁纸		底材为天然真丝织物 表层有轻微的珍珠光泽 质感柔和，色泽温润雅致，色调丰富	酒店、会所、办公室、餐厅、住宅
金箔手绘壁纸		底材为纯金箔，造价高 属于高端产品，通常需要定制 市面上的成品多为铜箔等仿制底材 真金箔纯正亮丽，仿金色调偏红、偏深	酒店、会所、咖啡厅、售楼处、办公室、餐厅、住宅
银箔手绘壁纸		底材为纯银箔，同样属于高档产品 银灰色调可以和任何色彩搭配协调 银质闪光度较高 雅而不俗，具有低调的奢华感	酒店、会所、咖啡厅、售楼处、办公室、餐厅、住宅

施工及安装步骤

手绘壁纸施工流程：

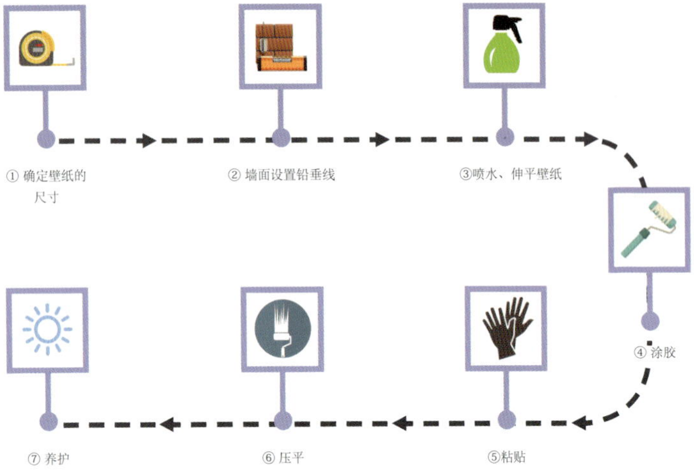

施工要点：

· 喷水时用气压喷壶均匀地喷，保持壁画反面潮湿和平整，水不可太多，不要有浮水。

· 涂胶时应用滚筒均匀地涂刷在墙面上，范围比壁纸的尺寸稍大一些。

· 拼贴时沿垂线把一边先固定，再仔细并缓慢地将其粘贴在墙体上，使边缘与铅垂线平行。

温馨提示

不同类型的基底，应注意处理方式的区别：

（1）粉化旧墙：铲去涂料层和粉化层，找平墙面，打磨光滑，平整后刷基膜一遍。

（2）毛坯墙：用腻子粉批平，打磨平整刷基膜；若刷过乳胶漆，应打磨平整再刷基膜。

（3）木基层：薄刷一遍油漆，补平接缝满刮腻子 1~2 遍，用砂纸磨平，刷一遍基膜。

施工方式

手绘壁纸的施工方式可分为对缝拼贴和无缝拼贴。

对缝拼贴

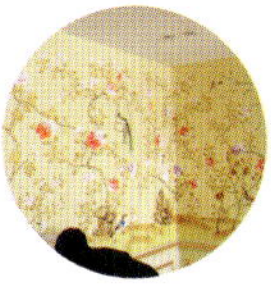

操作：按照壁纸背后的编号，进行对缝拼贴，
操作中需特别注意缝隙和墙角的处理。

特点：易裂缝，施工难度小。

无缝拼贴

操作：壁纸的形式为一张整体式，施工时无需进行拼缝处理，需多人一同粘贴。

特点：不易裂缝，但施工难度大。

施工常见问题

画面歪斜

原因：第一幅壁纸垂直方向歪斜。

预防：墙面应事先设好铅垂线，避免画面歪斜，应一次贴好，不可贴上后再进行移动或揭下，一旦揭下壁纸即会脱层。

边沿塌落

原因：墙沿没有使用整块的壁纸。

预防：施工时，突出的墙沿必须用整块的壁纸包起来，不能有拼缝，凹进去的墙角拐弯处的壁纸必须切断。

表面污染

原因：画面污染后没有立刻擦除，或工具不干净。

预防：粘贴时如果不慎污染了画面，应用潮湿的干净毛巾轻轻擦去污渍；所有与壁纸表面有接触的工具必须始终保持非常洁净、干燥。

金银箔有划伤

原因：粘贴过程中使用了鬃刷或刮板。

预防：施工不可用刮板刮画面，以免划伤金属箔，应用滚筒施工，拼缝处尽量用些力压紧。

家装经典案例

① 梅花图案手绘壁纸 ② 羊毛地毯 ③ 大理石 ④ 花鸟图案手绘壁纸 ⑤ 梅花图案手绘壁纸 ⑥ 金色不锈钢条

④

⑤
⑥

公装经典案例

①③植物图案手绘壁纸 ②花砖 ④⑥水泥地坪 ⑤人造皮革

设计须知

· 手绘壁纸不仅可贴在墙面上，还可粘贴在屏风、柜门等位置。

· 真丝类的手绘壁纸比较娇贵，建议用在人流较少的场所，且注意粘贴的位置不能有阳光直射，否则易褪色、变脆。

· 不容易保养的手绘壁纸，如丝绸壁纸、真丝壁纸、金银箔壁纸等，可用作点睛之笔。

墙布

墙布又称“壁布”，是一种裱糊在墙面上保护覆盖并具有装饰作用的织物。主要采用丝、毛、麻等纤维物质制作而成，在底布上多施以印花、轧纹浮雕或大提花，所用纹样多为几何图形和花卉图案。

市场价格 | 连工带料价格为 80~500 元 / 平方米。

材料性能

墙布虽然在装饰工程中运用频率没有壁纸高，但具有很多独特的特点：

· **图案丰富。**墙布与壁纸一样，非常具有表现力，色彩多样，图案丰富。

· **绿色、环保。**墙布的基底由各种天然纤维纺织而成，辅料为食用级的纳米复合胶和纳米环保墙布专用胶水，均无毒、环保。

· **吸音、隔音。**纯布纹理凹凸，加上软组织层厚度，能起到吸音、消音、隔音的作用。

· **美观、耐磨。**布底的抗拉扯性好，相比于壁纸要耐磨的多。科学施工后可具有无接缝、不翘边、不褪色、不发霉、结实耐用等特点。

材料分类及特点

墙布按材料可分为纱线墙布、织布类墙布、植绒墙布、功能类墙布和无缝墙布等。

名称	例图	特点	适用范围
纱线墙布	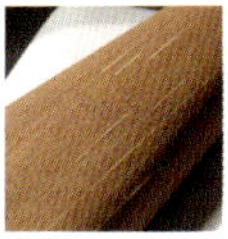	用不同式样的纱或线构成图案和色彩 具有丰富的材质、染色、纺织和表面处理方式，可选择范围广	酒店、会所、咖啡厅、餐厅、住宅
织布类墙布		平织布面、无纺布面、提花布面和刺绣布面等类型	酒店、会所、咖啡厅、餐厅、住宅
植绒墙布		将短纤维植入底布，产生质感极佳的绒布效果，有很好的丝质感 不会因为颜色的亮丽而产生反光 吸音、保温，需精心保养	酒店、会所、住宅
功能类墙布		采用纳米技术和纳米材料进行处理 使墙布具有阻燃、隔热、保温、吸音、隔音、抗菌、防霉、防水、防油、防污、防尘、防静电等功能	酒店、会所、酒吧、售楼处、咖啡厅、餐厅、住宅
无缝墙布		根据室内墙面的高度设计，可以按室内墙面的周长整体黏贴的一类墙布 无缝粘贴、立体感强、手感好 防水、防油、防污、防尘、防静电	酒店、会所、咖啡厅、餐厅、住宅

施工及安装步骤

墙布施工流程：

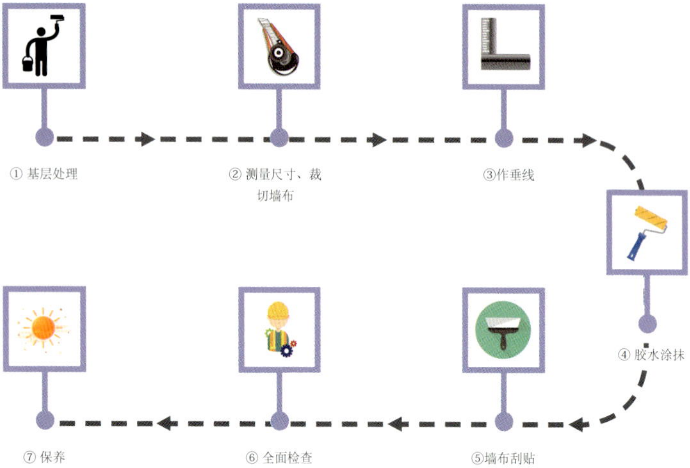

施工要点：

· 基膜干燥后，画垂直线作标准，取线位置从墙的阴角起，以小于墙布 1~2 厘米为宜。

· 从墙的阴角处开始滚刷胶水，注意一定要均匀，而后开始粘贴墙布。

· 将墙布滚动展开后，用刮板将墙布挂贴在墙上，由里向外，上下贴齐后，按顺序继续贴。

温馨提示

基层处理是直接影响墙面装饰效果的关键，应认真做好处理工作，要求如下：

（1）要求：平整、清洁、干燥，颜色均匀一致，应无空隙、凸凹不平等缺陷。

（2）处理：不同类型基层的处理方式同手绘壁纸；若原墙面色差严重，应选用白色覆盖型基膜涂刷基层。

施工方式

墙布的施工方式可分为冷贴和热烫。

冷贴

操作：墙布背面不带胶水，需要使用糯米胶或其他植物纤维胶涂刷在墙面上，来粘贴墙布。

适用：所有墙布。

热烫

操作：墙面背面直接涂上了一层热融胶，用熨斗高温将墙布直接粘贴到墙面上。

适用：无缝墙布。

施工常见问题

透底、色差

原因：基层有严重色差。

预防：使用白色覆盖型基膜涂刷墙面，使原本深色的部分变淡，来减小色差。

气泡、开边、脱落

原因：涂胶不均匀或基膜涂刷不均匀。

预防：涂刷基膜和滚涂胶水时，需上下滚匀。施工后进行检查，一旦发现气泡，可补胶后用熨斗烫平。

接缝明显

原因：贴完后马上开窗通风，导致墙布干燥收缩过快。

预防：铺贴完成后，需要阴干，时间根据季节决定，一般为 3~7 天，而后再开窗通风。

发霉、变色

原因：墙面未涂刷基膜，防潮措施不到位。

预防：墙面需先刷一层基膜再贴墙布，以封闭墙面，更好地防潮。若发霉或变色严重需将墙布揭掉，处理好基层后重贴。

家装经典案例

① ④ 蓝色墙布　② 木线　③ 仿古砖　⑤ 石膏板吊顶　⑥ 灰色花纹墙布

④

⑤
⑥

公装经典案例

①③⑤人物图案墙布　②绿色墙裙　④⑥大理石

设计须知

· 墙布的价格高于壁纸，多用在高级住宅、酒店、会所等场所的室内装饰。

· 相对来说，布的透气性优于纸，潮湿地区可考虑使用墙布，但需做好基膜层。

· 当粘贴的墙面面积较大时，建议选择无缝墙布，装饰效果会更好，也可以避免因为接缝多而发生裂缝、翘边等问题。

第九章
饰面板材

薄木贴面板

护墙板

防火板

UV 板

椰壳板

水泥板

板材最早是指木工用的实木板，随着科技的发展，种类越来越多，定义也愈加广泛。但总的来说，板材可分为结构板材和饰面板材两大种类。

饰面板材是指覆盖于家具、墙体、柱面等物体或室内构建之上，主要起到装饰作用的一类板材。它种类繁多，纹理质感多变，加以不同组合方式的配合，可营造出不同的视觉效果。

饰面板材类型很多，但总的来说，可以归纳成木夹板、人造木板和非木质板材三类。

木夹板 表面为薄木片，底层为多层板，代表性的为薄木贴面板，分为天然木和科技木两类，是实木材料较好的替代品。

人造木板 通常为多层结构，面层为各种饰面材料，底层为碎木、纤维等人工加工的木类材质。

非木质板材 完全不使用木料制作的石棉板材，如椰壳板、水泥板等。

薄木贴面板

薄木贴面板全称为装饰单板贴面胶合板，是将天然木材或科技木刨切成一定厚度的薄片，粘附于胶合板表面，热压而成的一种饰面板材，可用作墙面、柱、门窗套、门、家具等部分的饰面。

市场价格 | 连工带料价格为 80~300 元 / 平方米。

材料性能

薄木贴面板与木皮有着相似的装饰效果但施工更便利，其特点具体如下：

· **款式多样。**分天然木和人造木两类，基本囊括了所有的木种，色彩、纹理多样，适合多种装饰风格。

· **装饰效果好。**具有实木材料的色泽和纹理，效果自然、美观。

· **节约能源。**表面为薄木片，充分利用了木材资源，利于环保，同时降低了成本。

· **结构强度高。**有很好的弹性、韧性，能够轻易地制作出弯曲、圆形、方形等造型。

· **易于施工。**施工简单、快捷，涂饰效果好，装饰效果出众。

材料分类及特点

薄木贴面板按照木种分类，常用的有柚木、樱桃木、枫木、黑胡桃及檀木等。

名称	例图	特点	适用范围
柚木 贴面板		色泽金黄、温润，纹理线条优美 含油量高，耐日晒 不易变形、胀缩率小 高档、百搭，任何风格都适合	酒店、会所、咖啡厅、KTV、酒吧、售楼处、办公室、餐厅、住宅
樱桃木 贴面板		纹理通直，有狭长的棕色髓斑 贴面板多使用红樱桃木，暖色赤红 合理使用可营造高贵气派的感觉	酒店、会所、咖啡厅、KTV、酒吧、售楼处、办公室、餐厅、住宅
枫木 贴面板		包括直纹、山纹、球纹、树榴等 花纹呈明显的水波纹，或呈细条纹 乳白色，格调高雅，色泽淡雅均匀	酒店、会所、咖啡厅、KTV、酒吧、售楼处、办公室、餐厅、住宅
黑胡桃 贴面板		色彩为灰色，纹理粗而富有变化 透明漆涂装后色泽深沉稳重，更加美观 比较百搭，适合各种风格的居室 透明漆的涂刷次数要比其他饰面板多 1 ~ 2 道	酒店、会所、咖啡厅、KTV、酒吧、售楼处、办公室、餐厅、住宅
檀木 贴面板		款式多样，包括黑檀、绿檀、紫檀等 山纹犹如幽谷，直纹疑似森林 装饰效果浑厚大方，板面庄重而有灵气 是薄木贴面板中的极品	酒店、会所、咖啡厅、KTV、酒吧、售楼处、办公室、餐厅、住宅

施工及安装步骤

薄木贴面板墙施工流程：

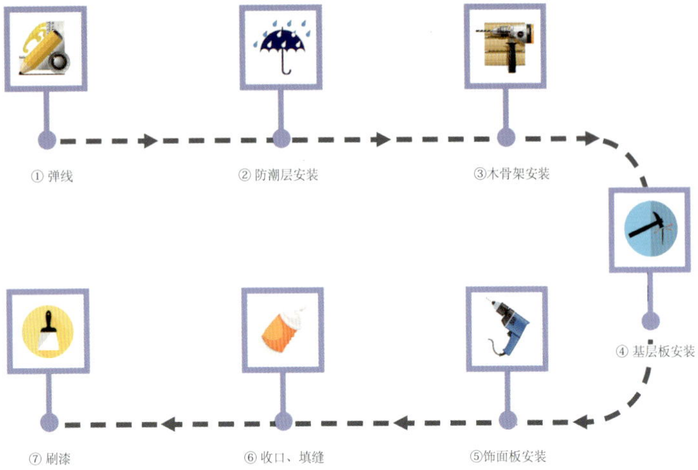

施工要点：

· 在施工之前，按照设计图样尺寸在墙上画出水平高度线，按木龙骨的分档尺寸弹出分格。

· 整片或分片将木龙骨架钉装上墙，要求龙骨整体与墙面找平，四角与地面找直。

· 挑选色泽相近、木纹一致的饰面板拼装一起，要求连接处不起毛边，木纹对接自然协调。

· 钉装饰面板的钉距一般为 100 毫米，要求布钉均匀，钉头应打入板内 0.5~1 毫米。

温馨提示

薄木贴面板施工前必须对基层进行处理，具体要求如下：

（1）防潮：必须做好基层的防潮处理，如铺一层均匀的油毡或油纸防潮。

（2）防火：木龙骨、饰面板等材料必须做好防火处理，需涂刷两遍防火漆。

施工方式

薄木贴面板的施工方式可分为拼花安装和顺纹安装两种。

拼花安装

操作：将贴面板以拼花的形式固定在龙骨架或基层板上。在钉装面板前，需进行预排，以确定纹理的拼装方向。

适用：墙面、柱面、家具饰面。

顺纹安装

操作：在安装前，使板材纹理方向一致，并筛选出色差过大的板块，即可安装。

适用：墙面、柱面、家具、门、门窗套。

施工常见问题

变形或未留缝隙

原因：未做防潮处理，受潮变形。

预防：基层必须做防潮处理，尤其是湿气较大的地区；不能整板上墙，板块之间应预留一些缝隙，为热胀冷缩留出足够空间。

缝隙不直

原因：弹线时未找好水平或垂直。

预防：弹线一定要准确，不能有丝毫马虎，完成后应检查其平整度或立面垂直度；第一块木饰面应严格控制它的水平度和垂直度，精度越高越好。

接缝不平

原因：接缝未做填充处理。

预防：饰面板板块之间的缝隙，应使用玻璃胶进行填充。

板材色差大

原因：施工前未对板材进行挑选。

预防：在开始施工前，无论何种板料，均应预先挑选，分出不同材料、色泽，或按深浅颜色顺序待用。

家装经典案例

① ④ 天然木薄木贴面板　② 透光膜　③ 混纺地毯　⑤ 大理石　⑥ 手绘壁纸

④
⑤

⑥

公装经典案例

①⑥薄木贴面板　②绿色乳胶漆　③文化石　④大理石　⑤强化地板　⑦水泥板

设计须知

· 选择薄木贴面板时，可从空间风格、面积、采光、功能性等多方面综合考虑。

· 当使用薄木贴面板装饰背景墙时，可以与装饰画或暗藏灯槽结合运用，使空间的主次层次更突出。

· 薄木贴面板可通过拼花、弯曲、切割几何形状等多种方式丰富造型层次。

护墙板

护墙板是近年来发展起来的新型装饰墙体的材料，从基材的种类上可分为木质及塑料两大类，前者使用较多。它不仅能有效保护墙面，同时还具有极佳的装饰性。护墙板的设计越来越多样化，是高档装修中极具代表性的一种建材。

市场价格 | 连工带料价格为 300~1500 元 / 平方米。

材料性能

护墙板并非常用的装饰建材，却是能够体现品味的存在，其具体特点如下：

· **装饰效果好。**款式多样且可定制，既有木纹又有纯色，可选择性丰富。装饰墙面能起到画龙点睛、丰富空间整体层次感的作用。

· **保温、隔热。**属于不良导体，采用木质护墙板的房间会冬暖夏凉。

· **施工污染少。**设计后由工厂加工生产，现场只需组装，可有效减少现场污染。

· **施工简便。**安装方便、快捷，省时省力，并且可多次拆装使用。

· **耐磨。**耐磨，不变形，可有效保护墙面，使用寿命长。

材料分类及特点

护墙板按照造型形式可分为整墙板、墙裙、中空墙板三种类型。

名称	例图	特点	适用范围
整墙板		整面墙均做造型，一般用来做背景墙，由造型饰面板、顶线、踢脚线、三部分组成 其设计的常见基本特点就是尽量实现“左右对称”	酒店、会所、咖啡厅、售楼处、办公室、餐厅、住宅
墙裙		半高墙板，底部落地，以腰线收边 上面会在到顶之间的位置留出空白 空白处以其他装饰材料完成装饰 没有整墙板造型那样灵活，多以造型均分为主	酒店、会所、咖啡厅、售楼处、办公室、餐厅、住宅
中空墙板		芯板的位置通常不做木饰面 中间用其他装饰材料代替木板 设计方法与整墙板或墙裙基本一致 比有芯板的护墙板显得更加通透且整体设计富有节奏感	酒店、会所、咖啡厅、售楼处、办公室、餐厅、住宅

施工及安装步骤

护墙板施工流程：

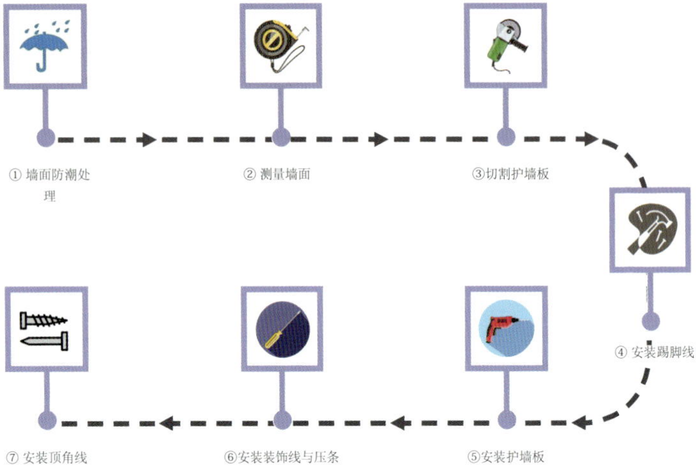

施工要点：

· 根据护墙板和墙面尺寸，计算出整数块，多余空间用拼板完成，拼板应分配在端部。

· 将踢脚线挂钩固定在墙上，挂钩孔距地面 7.8 厘米，每隔 60 厘米 固定一只钩。

· 将护墙板从左到右插入踢脚线内，在距护墙板上口 1.5 厘米处安上膨胀螺钉或钢钉，钉不能露出护墙板面。

温馨提示

护墙板的施工准备很重要，包括以下两方面：

（1）防潮：将原包装拆封就地保存至少 48 小时，并在墙面上采取一定的防潮措施。

（2）试装：在安装前将每一分块找方、找直后试装一次，经调整修理后再正式钉装。

施工方式

护墙板的施工方式有粘钉结合和钉接两种。

粘钉结合

操作：先用胶黏剂，然后打钢钉，等固定后再把钢钉拔出来。

适用：护墙板重量较轻的情况。

钉接

操作：槽凸出部分每隔 54 厘米安一个钢钉，每拼一块都必须用锤子敲紧，并用尺子校正，最后一块护墙板需在背面涂上专用胶。

适用：护墙板重量较重的情况。

施工常见问题

花纹错乱、颜色不匀

原因：正式安装前未进行预装。

预防：在正式安装护墙板前，需进行一次预装，调节色差和纹理差距大的板块。

顶条高低不平

原因：安装顶条前未进行检查。

预防：安装护墙板顶条前应拉线检查护墙板顶部是否平直，如有问题及时纠正。

接头不严、不平或开裂

原因：板材含水率大或墙面未做防潮处理。

预防：板材到位后在现场放置到含水率与室内接近再安装；墙面需做防潮处理，如刷防水防潮涂料或铺设防潮层。

相邻板块高差大

原因：基层不平。

预防：护墙板安装前，墙面应铲平、清除浮灰，对不平整的墙面应用腻子批刮平整，测试平整度满足要求后方可安装。

家装经典案例

①④⑤ 蓝色护墙板　②混纺地毯　③深茶色壁纸　⑥壁炉

③
④

⑤
⑥

公装经典案例

①④⑥ 青色护墙板　⑤⑦ 青色乳胶漆　③ 深青色乳胶漆

设计须知

· 护墙板比较适合用来装饰中式传统风格、欧式以及美式风格的室内空间。

· 整墙板若使用面积过大，很容易显得厚重或单调，可选择搭配部分中空墙板，与壁纸、乳胶漆等组合设计。

· 护墙板有实木板和复合板两类，可结合造价、场所性质、区域等使用。

防火板

防火板又称耐火板，学名为热固性树脂浸渍纸高压层积板。表层为各种纸，基材是刨花板，经过热压制成。有丰富的色彩、纹理及特殊的物理性能。可用来装饰墙面、台面、家具表面、楼梯踏步等。

市场价格 | 连工带料价格为 60~200 元 / 平方米。

材料性能

防火板具有与传统墙面材料料不同的众多优点，具体如下：

- **款式多样。**色泽鲜艳、款式多样，除纯色款式外，还能仿制多种纹理。
- **保温、耐火。**保温、隔热性能极佳，耐火、阻燃。
- **耐磨、耐撞击。**贴面由三层组成，因此耐磨、耐撞击，耐溶剂性也均较好。
- **不褪色。**耐光性好，优质的防火板经过多年自然光照后，基本不会出现褪色现象。
- **耐高温。**耐高温及耐沸水性好，在被沸水或高温物体烫过以后，基本不会留下痕迹。
- **易清洁。**表面毛孔细小，不易被污染，耐脏，易清洁。

材料分类及特点

防火板按照贴面纹理种类可分为纯色、仿木纹、仿石材和金属四种。

名称	例图	特点	适用范围
纯色防火板		纯色无任何花纹做装饰 光泽感极强，色彩鲜艳 是较为常见的一种，价格相对较低	酒店、会所、咖啡厅、KTV、酒吧、售楼处、办公室、餐厅、住宅
仿木纹防火板		采用仿木纹色纸制成 表面纹理多样 如油漆面、刷木纹、横纹、真木皮纹等	酒店、会所、咖啡厅、KTV、酒吧、售楼处、办公室、餐厅、住宅
仿石材防火板		对石材的纹理进行扫描后 使用数码印刷技术制作 突破以往尺寸限制制作的大规格的板材	酒店、会所、咖啡厅、KTV、酒吧、售楼处、办公室、餐厅、住宅
金属防火板		表面由铝合金或者其他金属覆盖制成 一般用在厨房或其他高档场所 价格较高，加工工艺复杂	酒店、会所、咖啡厅、KTV、酒吧、售楼处、办公室、餐厅、住宅

施工及安装步骤

防火板施工流程：

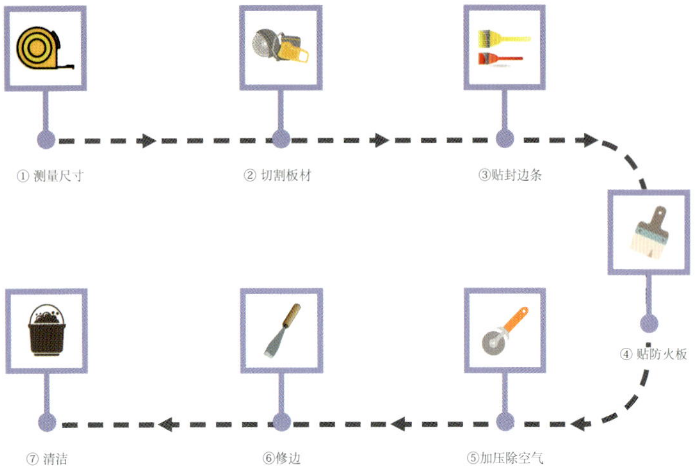

施工要点：

· 切割防火板最好使用碳钢刀具，且从正面进刀，可以有效地减少毛刺，使切面更平整。

· 切割时每条边需要多预留 6 毫米左右作为修边之用。

· 粘贴时应使用万能胶或白乳胶，在磨平的基材表面和板材背面均匀布胶。

· 多余的边裁切掉后，需要用锉刀将接缝锉圆，注意只能向下锉，不可来回锉。

温馨提示

防火板施工前应将材料置于施工现场，具体要求如下：

防火板和基板应一同放在施工现场中满 48 小时。环境湿度为 45% 左右，不能高于 80%。温度不低于 18 摄氏度。

施工方式

防火板施工有万能胶粘贴和白乳胶粘贴两种方式。

万能胶粘贴

操作：在基材和板材背面涂万能胶，放置一段时间，用手碰触，以手背接触布胶表面，以不粘手为宜，再将防火板与基材黏合。

适用：墙面、柱面、家具饰面、台面。

白乳胶粘贴

操作：在基材和板材背面涂白乳胶后，将防火板粘贴于基材上，用滚筒滚压黏合。在室温 25~30 摄氏度的条件下加压 12 个小时以上。

适用：墙面、柱面、家具饰面、台面。

施工常见问题

开胶

原因：黏结不牢固。

解决：在开胶处均匀涂好胶水，施加压力使其胶合，再用包裹软布的平整木块压紧即可。

起泡

原因：涂胶不均匀或粘贴后空气未排尽。

解决：防火板贴合后用滚轮或抹布用力压匀，避免空气残余在里面。发现起泡现象，可把起泡处的地方用吹风机、熨斗等设备加热，之后再施加压力使防火板与基层胶合，再用包裹软布的平整木块压紧即可。

断面不光滑

原因：修边时操作不规范。

解决：用锉刀修边时应注意方向，须统一向下。若发现毛边严重，可重新用锋利的锉刀修整。

家装经典案例

① 石膏板吊顶　②③⑥ 玻璃折叠门板　④ 仿木纹防火板　⑤ 印刷玻璃

③

④
⑤
⑥

公装经典案例

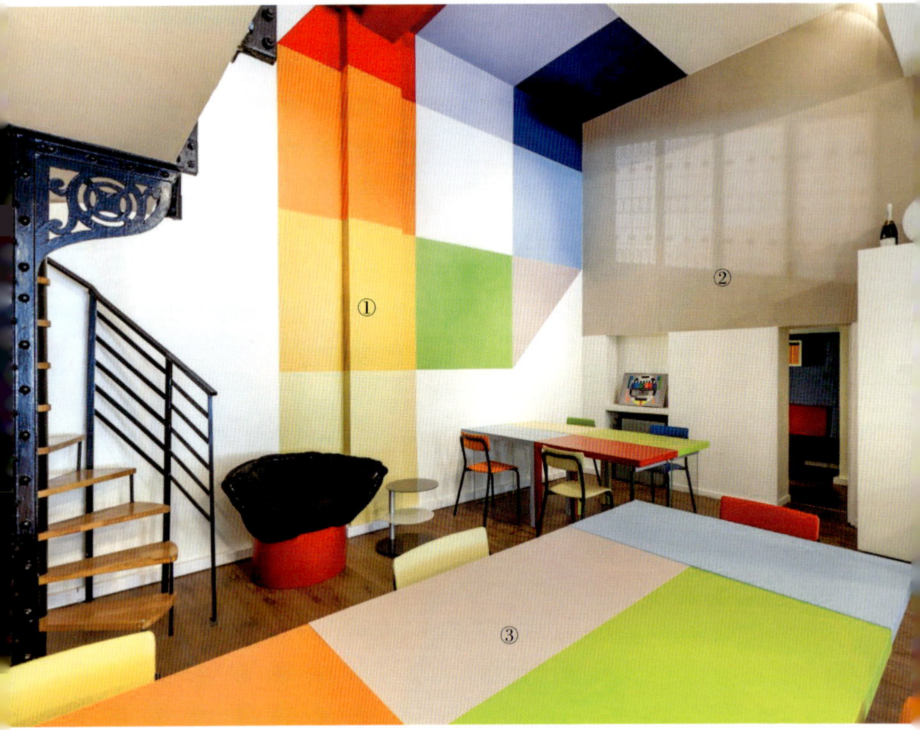

① ④ 彩色乳胶漆　② 浅茶色烤漆玻璃　③ ⑤ ⑦ 防火板　⑥ 白色乳胶漆

设计须知

· 在一些对防火要求比较高的场所（如餐厅、咖啡厅等），可以用防火板来代替石材、木板等做装饰。

· 当防火板的使用面积较大时，应特别注意拼缝和收口的设计处理。

· 挑选防火板花色时应注意，小的样板与大面积铺贴效果通常会存在一些差别。

UV 板

UV 板是在刨花板、密度板等板材上涂刷 UV 漆，再经过 UV 光固化机干燥而形成的板材。UV 漆即紫外光固化漆，也称光引发涂料，固化后具有高光抗菌效果，可装饰墙面、柱面、家具、移门等，是比较理想的装饰板材。

市场价格 | 连工带料价格为 100~400 元 / 平方米。

材料性能

UV 板防火、防水、质轻高强，可代替多种建材，其特点具体如下：

- **款式多样。**仿大理石、仿实木等多种纹理样式，且颜色鲜艳，色彩多样。
- **光泽度高。**表面光滑度高，具有镜面般的高光效果，色彩丰满诱人。
- **环保健康。**UV 漆不含易挥发性物质，固化后形成固化膜，还可降低基材气体的释放量。
- **不褪色。**与传统板材比较，具有更优良的理化性能，经久不失色，并解决了色差现象。
- **耐刮擦。**高硬度，越磨越鲜亮，常温固化，长期不变形。
- **耐酸碱抗腐蚀。**能抵御各种酸碱消毒液的腐蚀，且具有防水、耐污等效果。

材料分类及特点

UV 板按表面效果分为大理石纹 UV 板、木纹 UV 板、纯色 UV 板、彩钻 UV 板等多种类型。

名称	例图	特点	适用范围
大理石纹 UV 板		纹理仿制大理石纹路制成 可代替大理石使用 适合装饰墙面、背景墙、柱面等位置	酒店、会所、咖啡厅、KTV、酒吧、售楼处、办公室、餐厅、住宅
木纹 UV 板		纹理实木木皮纹路制成 可代替实木板或木纹装饰板使用 适合装饰墙面、背景墙、柱面等位置	酒店、会所、咖啡厅、KTV、酒吧、售楼处、办公室、餐厅、住宅
纯色 UV 板		纯色无其他花纹的款式 色彩艳丽，有高光和亚光之分 多用来制作家具、移门、橱柜门等	酒店、会所、咖啡厅、KTV、酒吧、售楼处、办公室、餐厅、住宅
彩钻 UV 板		表面带有闪亮的钻光效果 色彩鲜艳，效果华丽 多用来制作家具、移门、橱柜门等	酒店、会所、咖啡厅、KTV、酒吧、售楼处、办公室、餐厅、住宅

施工及安装步骤

UV 板墙面胶施工流程：

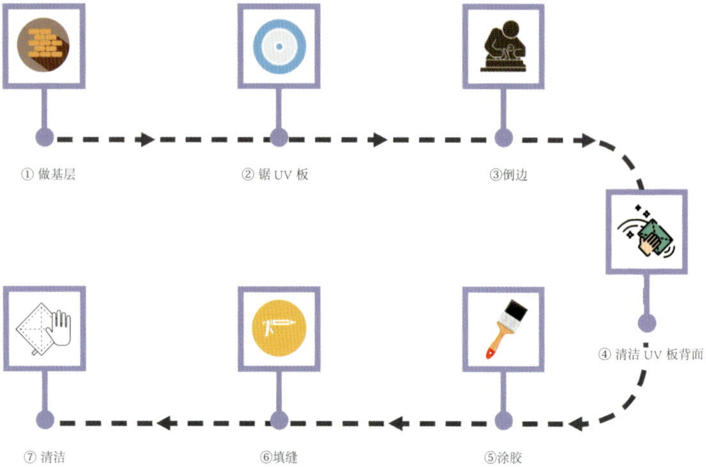

施工要点：

- 将基层板用气钉固定在墙上，而后用砂纸将板面打磨干净。
- 将要安装的 UV 板四边用倒边机倒成 45 度，根据情况倒上下两边或是三个边。
- 将万能胶或木工胶均匀涂在 UV 板背面，平整地贴在墙面上，再用手轻轻捶打。
- 填缝使用水性填缝料，填在两张板的 45 度角相交处，填满后刮平。

温馨提示

无论哪种安装方法，UV 板必须做基层：

（1）材料：常用的是 3 毫米的三合板、木工板，更好的是防火玻镁板。

（2）防潮：如果所在地区的潮气较大，钉装前，应对基板做防潮处理。

施工方式

UV 板施工方式分为铝合金固定和墙面胶安装两种方式。

铝合金固定

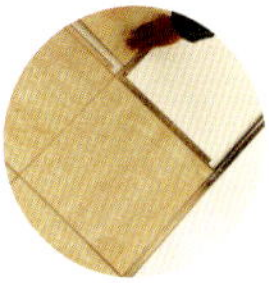

操作：先固定基板，而后在墙面上钉脚线，用铝合金阴角固定墙角，再用铝合金工具条固定墙角。UV 板锯切完成后，再嵌入铝合金阴角和工具条之间。

适用：墙面、柱面。

墙面胶安装

操作：先固定基板，UV 板锯切完成后，用胶黏剂将其粘贴在基板上。

适用：墙面、柱面、家具、橱柜。

施工常见问题

表面不平整

原因：基层不平整。

预防：固定基层板时，需做好找平处理。固定完成后，表面应仔细打磨至干净、光滑、平整。

缝隙不直

原因：安装时缝隙没有找准。

预防：若缝隙较多，可在安装前，先在基层上将分隔线弹出来，仔细检查精度，避免歪斜，而后再安装 UV 板。

粘贴不牢固

原因：基层不够整洁。

预防：粘贴 UV 板前，需将基层和 UV 板背面分别擦拭干净。

缝隙不美观

原因：拼缝未做好或填缝未做好。

预防：阳角应做反“V”字形的接缝，阴角或是正面时做正“V”字形的接缝或是直缝，填缝时注意手法。

家装经典案例

①④木纹 UV 板　②玉石　③金色不锈钢条　⑤灰镜　⑥布艺硬包

③
④
⑤
⑥

公装经典案例

① 大理石纹 UV 板　②③⑤深灰色玻化砖　④红砖

设计须知

· UV 板具有如镜面板的光泽度，且施工较简单，可以用它来代替大理石装饰背景墙，自带抛光效果，还可减轻墙面承重。

· 针对不同的使用部位时，可选择不同纹理的 UV 板，如橱柜较适合木纹、纯色或彩钻等，而使用大理石纹就会略显突兀。

椰壳板

椰壳板是以高品质的椰壳为原材料，纯手工制作而成的一种新型环保建材。其硬度与高档红木相当，又有自然弯曲的美丽弧度。表面无须涂饰油漆，可使人感受到强烈的质朴气息和典雅感。

市场价格 | 连工带料价格为 300~1000 元 / 平方米。

材料性能

椰壳板用途广泛，其特点如下：

- **装饰效果独特。**每片之间的天然纹路不同、厚薄不同，具有古香古色的观感。
- **品种多样。**有乱纹、人字纹、直纹、回形纹等拼组方式。
- **耐磨、不怕水。**经磨削后光滑、耐磨、抗压、抗折断，耐潮湿、不怕水，防蛀。
- **绿色、环保。**主要原料是椰壳，使用环保胶经人工粘贴而成，有害物质的含量非常低。
- **具有一定吸音效果。**拼接的椰片之间留有凹凸的缝隙，能够起到一定的吸音作用。
- **易清洁。**色彩稳定，易清洗，易保养，只需用液体蜡涂抹或核桃油擦拭即可。

材料分类及特点

椰壳板按照表面色泽可分为自然椰壳板、洗白椰壳板以及黑亮椰壳板等三种类型。

名称	例图	特点	适用范围
自然椰壳板		椰壳仅经过打磨制成 呈现椰壳的自然色泽 以咖啡色为主 是较为百搭的一种颜色	酒店、会所、咖啡厅、KTV、酒吧、售楼处、办公室、餐厅、住宅
洗白椰壳板		将自然椰壳做洗白脱色处理制成 色泽呈米白色而非纯白色 表面仍会带有一些浅咖啡色的纹路	酒店、会所、咖啡厅、KTV、酒吧、售楼处、办公室、餐厅、住宅
黑亮椰壳板		经过一系列处理方式使椰壳的本色加深 形成了深棕色的产品 复古感和厚重感最浓郁	酒店、会所、咖啡厅、KTV、酒吧、售楼处、办公室、餐厅、住宅

施工及安装步骤

椰壳板施工流程：

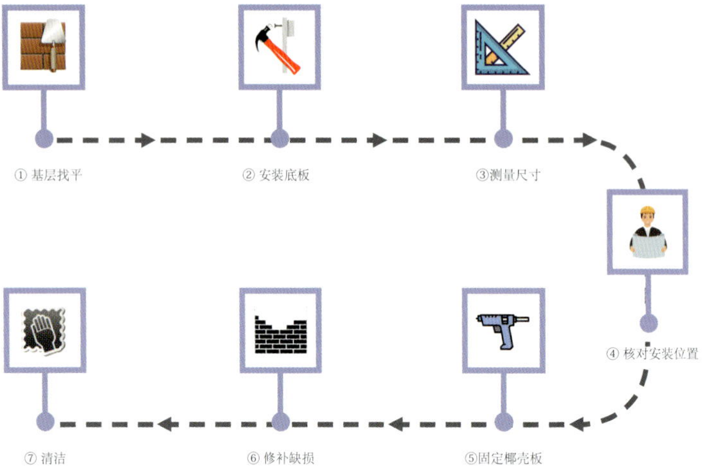

施工要点：

· 检查施工范围、尺寸及状况是否正常，测量椰壳板尺寸，并核对其施工位置。

· 需要裁切时将椰壳板背面朝上，画记号后依记号进行裁切，边缘用砂纸磨除毛刺。

· 若胶粘安装，应在椰壳板背面均匀的涂布胶黏剂。

· 施工前可先用粗砂纸砂磨底板，能增加底板与壁面的黏合性。

温馨提示

椰壳板表面无需涂刷油漆，但为了保护或改变色彩可做以下调整：

（1）保护漆：可适当涂刷保护漆，以避免因温度和湿度的变化而导致椰壳板氧化、变色。

（2）染色：可以采用木皮染色的做法，来改变或加深椰壳板本身的色泽。

施工方式

椰壳板的施工方式可分为钉接安装和胶粘安装两种。

钉接安装

操作：将椰壳板以钉接的方式固定在底板上；根据背板的类型选择适合类型的钉子。

适用：墙柱面、家具、柜门。

胶粘安装

操作：可使用强力胶、白胶、免钉胶或 AB 胶等来粘贴椰壳板。先在板材背后均匀涂布胶黏剂，由角落开始贴合，而后一片片进行，直到将施工范围贴满。若有需要，可用蚊钉枪于椰壳板隙缝或凹陷阴影处加强固定。

适用：墙柱面、飘窗、屏风、家具、柜门、镜框。

施工常见问题

缝隙不均，过渡不好

原因：施工时控制不到位。

预防：施工时对接缝和板块之间的过渡应认真对待，完工后仔细查验，若发现此类现象，可依情况予以手工微调，或用填缝材料填补缝隙过宽处。

裂、破、缺片

原因：材料本身问题或施工时操作不当。

预防：将缺损部位清除干净，把椰壳切割至与缺损形状大小吻合，涂胶粘牢，用锤子砸平；胶水干燥后用砂光机将表面磨平。

变形

原因：材料本身问题或施工时操作不当。

预防：可在背面开几条十字槽，深 2~3 毫米，背面突出部位用电刨修到饰板表面平直，在背面上胶粘贴，侧边用射钉枪加固。

家装经典案例

① ③ 黑亮椰壳板　② ④ 浅米灰色墙布　⑤ 薄木贴面板

设计须知

· 椰壳板可用来装饰墙面、柱面、飘窗、屏风、镜框和各类家具的柜门、抽屉面等部位，甚至可用在厨房、卫浴间中。

· 椰壳板较适合用于东南亚风格或田园风格的室内装修中。

· 为了避免大面积椰壳板的单调，可以将三种椰壳板相互组合设计成拼花图案。

水泥板

水泥板是以水泥为主要原材料加工生产的一种建筑平板，介于石膏板和石材之间，可自由切割、钻孔、雕刻的建材。它是一种环保型绿色建材，既可用作结构建材，又可用作饰面材料。

市场价格 | 连工带料价格为 100~300 元 / 平方米。

材料性能

水泥板目前已成为国际上应用范围很广的室内建材，其具体特点如下：

- **装饰感独特。**粗犷、质朴而又时尚，其特殊表面纹路可彰显高价值质感与独特品位。
- **强度、耐久性高。**具有水泥经久耐用、强度高的特性。
- **环保性优良。**不含任何挥发性有毒物质，如石棉和甲醛，不会产生任何对人体有害的物质。
- **防火。**属非燃烧性装饰材料，耐火性极高，并同时可满足防水、防潮要求。
- **易加工。**可以切割、刨平、打磨、钻孔、穿线，并可以用铁钉或螺丝钉固定。
- **强抗击冲力。**具有超强的抗冲击力，强度高于大多数建材。

材料分类及特点

常用的水泥板包括有木丝水泥板、美岩水泥板和清水混凝土板等三种类型。

名称	例图	特点	适用范围
木丝水泥板	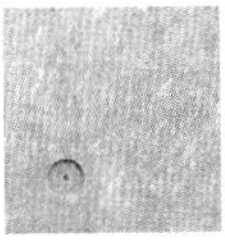	由细碎木屑与波特兰水泥胶合加工而成 颜色清灰，双面平整光滑 结合了木料的强度、易加工性和水泥经久耐用的特点 与水泥、石灰、石膏配合性好 纹理更细腻，可看到丝状	酒店、会所、咖啡厅、KTV、酒吧、售楼处、办公室、餐厅、住宅
美岩水泥板	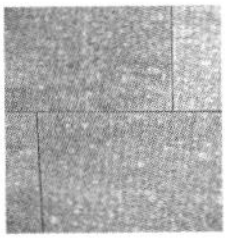	也称它为纤维水泥板 质地优良，正反两面各具特色，正面纹路细腻，反面则立体感强 纹理可与岩石媲美 比较来说纹理较粗，类似岩石纹理	酒店、会所、咖啡厅、KTV、酒吧、售楼处、办公室、餐厅、住宅
清水混凝土板		又称装饰混凝土板、清水板 一次浇筑成型，直接采用现浇混凝土的自然表面效果作为饰面 平整光滑，色泽均匀，棱角分明 抗紫外线辐照、耐酸碱盐的腐蚀且温和 质地柔、轻、耐久，可以弯曲	酒店、会所、咖啡厅、KTV、酒吧、售楼处、办公室、餐厅、住宅

施工及安装步骤

水泥板墙面胶粘加枪钉安装施工流程：

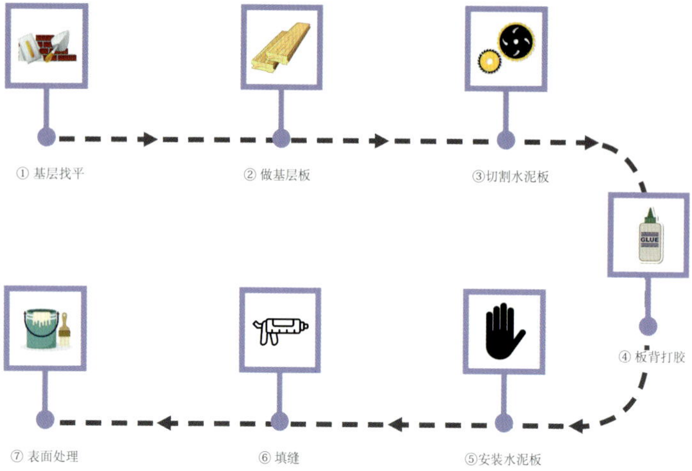

施工要点：

· 以水泥砂浆找平或是做轻钢龙骨、木龙骨找平。找平后，铺上 8 毫米以上的木工板。

· 使用钨钢锯片把水泥板切割成所需尺寸，切口要求不起毛边。

· 在板背面打胶，层面和水泥板的施胶面应没有任何灰尘，而后把水泥板粘贴在基层板上。

· 板与板间可留缝 3~5 毫米或密拼，待铺设完毕，以硅胶、矽得康胶填缝或留缝不填。

温馨提示

水泥板作为饰面材料使用时，表面的处理方式很重要，具体要求如下：

（1）打磨：用 300 号砂纸轻磨水泥板，然后用干布除去板材表面污渍，露出板材纹理。

（2）涂饰：刷表面保护剂 2~3 遍或水性地板蜡 2 遍。需加深颜色时可使用透明 PU 漆。

施工方式

水泥板墙面施工方式有胶粘、螺丝固定及胶粘加枪钉三种方式。

胶粘安装

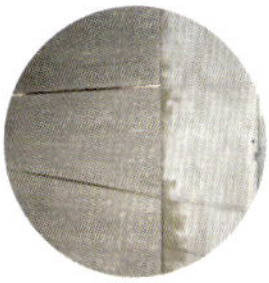

操作：将墙面处理干净后，直接用太棒胶将水泥板粘贴在墙面上。

适用：平整的墙面，如水泥毛坯墙等。

螺丝固定安装

操作：做骨架找平，而后用自攻螺丝等来固定水泥板。

适用：不太平整的墙面。

胶粘加枪钉安装

操作：先打骨架，再叠加基层板，之后枪钉固定水泥板；也可以先用粘胶，再打枪钉。

适用：严重不平的墙面。

施工常见问题

墙面不平

原因：基层未做好找平。

预防：应严格对待基层找平问题，若安装骨架或基层板，则每个步骤后都应用水平仪检验其平整度，发现不平立刻调整。

胶粘固定不牢

原因：胶中混入了灰尘或杂物。

预防：涂胶前应保证水泥板背面和基层均干净、整洁，没有任何灰尘。

螺丝固定不牢

原因：螺丝种类不对、距离不对或龙骨间距不对。

预防：使用螺丝固定时，其规格应与水泥板种类、规格相符合，螺丝之间距离一般为200~300毫米，距板边为10~15毫米。龙骨间距一般为600毫米，当墙体高度超过4米时，按设计计算确定龙骨间距。

家装经典案例

① 大理石　②③⑤⑦ 木丝水泥板　④ 强化地板　⑥⑧ 三聚氰胺板

⑤
⑥

⑦
⑧

公装经典案例

①⑥ 清水混凝土板 ②④ 水泥砖 ③ 薄木贴面板 ⑤ 清水混凝土水泥板 ⑦ 实木板

设计须知

· 水泥板可用来装饰内外墙面、地板、顶棚、家具、高架地板等。

· 水泥板大面积铺贴会显得单调，可加入一些金属线条进行适当造型，或将不同深浅的水泥板搭配组合使用，调节层次感。

· 水泥板可用在工业、现代、时尚、简约、北欧等多种风格的室内空间中。

10

第十章
布艺和皮革

布艺

天然皮革

人造皮革

布艺皮革属于软性饰面材料，它们一开始仅用于制作家具，但随着人们对美和舒适性的不断追求，布艺和皮革开始大量用在室内装饰工程中，做饰面材料。

为了不断地满足装饰需求，皮革的种类也越来越多样化。

布艺的分类方式较多，可按照制作方式分类，也可按照原料分类，各具特点。皮革则可分为天然皮革和人造皮革两大类。

布艺 布艺按照制作方式可分为染色布、色织布、提花布和印花布等，按照原料可分为棉、麻、丝、化纤、混纺等多种类型。

天然皮革 就是人们所说的真皮，原料为动物皮，具有天然的毛细孔和光泽感，手感舒适。

人造皮革 包括再生皮革、人造皮革和合成皮革等，是天然皮革的代替产品。

布艺

布艺可以软化室内空间建筑结构带来的生硬线条，为空间增添温馨感，并能够用各种色彩丰富整体装饰的层次。传统的布艺多以软装饰的方式呈现，十分便利，但布艺还可以作为硬装建材使用，装饰墙面。

市场价格 | 连工带料价格为 150~800 元 / 平方米。

材料性能

布艺可以很好地点缀空间格调，同时还具有以下特点：

· **色彩丰富。**作为饰面材料使用的布艺，很少选择大花等花纹明显的款式，但制作方式决定了其色彩的丰富性，为设计提供了广泛的选择范围。

· **触感舒适。**布艺具有柔软、温暖的触感，更容易让人感觉温馨、舒适。

· **吸音、降噪。**各种柔软的布艺，可以降低室内的噪声，减少回声。

· **施工难度略高。**需覆盖在底材之上使用，通常做软包或硬包，步骤略烦琐一些。

· **需精心保养。**布料不能擦拭，做建材使用时无法拆卸清洗，因此需频繁保养。

材料分类及特点

作为饰面材料的布艺按照材质可分为棉布、麻布、化纤布及混纺布等四种类型。

名称	例图	特点	适用范围
棉布		以棉纤维为原料制成 完全不添加其他材质的纤维 柔和、吸湿性、透气性好 易缩、易皱，不适合人多的场所	酒店、会所、住宅
麻布		以亚麻、苎麻、黄麻、剑麻等麻类植物的纤维为原料制成 强度高，吸湿，导热，透气性较好 外观较粗糙，硬度相对较高	酒店、会所、售楼处、办公室、住宅
化纤布	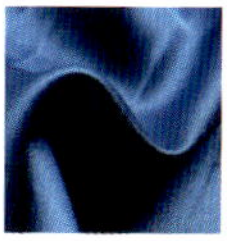	以高分子化合物制成的纤维纺织而成 色彩鲜艳，质地柔软，垂坠挺括 耐磨性、耐热性、吸湿性、透气性较差 遇热容易变形，容易产生静电	酒店、会所、咖啡厅、KTV、酒吧、售楼处、办公室、餐厅、住宅
混纺布		将天然纤维和化纤纤维按照一定比例混合纺织而成 综合了天然纤维和化纤纤维的优点 又尽可能避免了它们的缺点，价格较低	酒店、会所、咖啡厅、KTV、酒吧、售楼处、办公室、餐厅、住宅

施工及安装步骤

布艺硬包墙面施工流程：

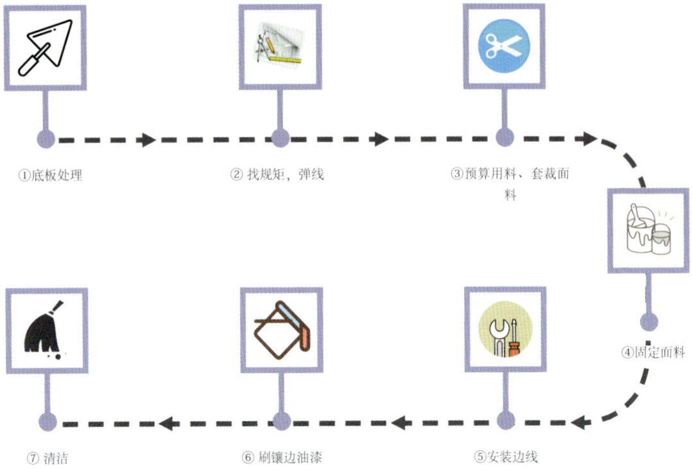

施工要点：

· 先将底板拼缝用油腻子密实嵌平，满刮腻子 1~2 遍，干燥后用砂纸磨平，刷清油一道。

· 根据设计图纸要求，把硬包的实际尺寸与造型落实到墙面上。

· 试拼并达到设计要求的效果后，便可与基层固定并安装装饰边线，最后涂刷镶边油漆。

· 硬包建议做成活动式，用毡条连接，较方便维修。

温馨提示

在安装底板前应对基层进行处理，具体要求如下：

（1）埋木砖：混凝土和墙面抹灰完成，基层已按设计要求埋入木砖并固定木龙骨。

（2）找平层：水泥砂浆找平层已抹完，并涂刷了冷底子油。

施工方式

布艺墙面施工方式有硬包安装和软包安装两种（皮革亦相同）。

硬包安装

操作：底板固定后，布料涂胶后粘贴在底板上，或将布料再加一层底板，做成硬包块，使用枪钉固定在墙面底板上。

适用：布艺、天然皮革、人造皮革 / 合成皮革。

软包安装

操作：墙面底板固定好后，裁切并粘贴面料和作为填充物的海绵块，而后将它们做成软包块或直接固定在底板上。

适用：布艺、天然皮革、人造皮革 / 合成皮革。

施工常见问题

使用一段时间后，布面起皱

原因：基层热胀冷缩或布料本身有弹性、收缩。

预防：选材时注意材料的收缩率，不要选用双层布，有要求的可以定制具有双层效果的单层布。

变形

原因：龙骨或板材含水率过高，或潮湿地区未采取防潮措施。

预防：所用龙骨及板材等含水率不应高于 12%，若所在地区湿度较大，需对龙骨和板材进行防潮处理，或在基层下方铺设防潮层。

拼缝不直

原因：找规矩时弹线歪斜或拼装时没有对准参考线。

预防：找规矩弹线时应确保横平竖直；若为活动式结构，拼装时需对准参考线。

布面固定不牢

原因：底板不够整洁。

预防：底板应整洁、无灰尘，若为活动式，可在背面用枪钉加固布面。

家装经典案例

① 灰色大理石 ② 玫瑰金不锈钢条 ③ 浅茶灰色大理石 ④ 贝壳马赛克 ⑤ 浅茶色布艺硬包 ⑥ 浅灰色布艺硬包 ⑦ 木皮

④
⑤

⑥
⑦

公装经典案例

① 薄木贴面板　② 合成壁纸　③ ⑦ 水泥砖　④ ⑥ 布艺软包　⑤ 印刷玻璃

设计须知

· 挑选布艺时应注意与整体的协调性，可结合家具或地面共同确定一个主色调，再用小件装饰去调节层次，可以避免混乱感。

· 作为饰面材料使用的布艺，不易更换，通常来说不建议选择过于花哨的款式。

· 布艺硬包的造型设计非常重要，应与室内风格协调或一致。

天然皮革

天然皮革是经鞣制、硝制或用别的方法处理，具有抵抗腐败作用，并且在天气干燥时比较软和柔顺的动物皮。其表面有一种特殊的粒面层，具有自然的粒纹和光泽，手感舒适。

市场价格 | 连工带料价格为 200~2000 元 / 平方米。

材料性能

天然皮革装饰效果好，但相对来说比较娇贵，其特点具体如下：

- **装饰性好。**染色性好，具有光泽感，可塑性强，纹路色彩丰富。
- **手感好。**柔软度好，表面纹路自然、平整、细腻，手感、触感良好。
- **耐磨。**厚度较厚，通常都大于 1 毫米，耐折、耐磨，成型后不易变形。
- **透气性好。**有许多天然的毛细孔，所以透气性好。
- **天然缺陷。**质地不均，有部位差，形状大小不一，损耗大，表面有天然瑕疵。
- **不能受潮、浸水。**受潮容易发霉，浸水后容易膨胀，干后收缩，尺寸不稳定。

材料分类及特点

天然皮革按层次分可分为全粒面革、修面革及二层革等。

名称	例图	特点	适用范围
全粒面革		由伤残较少的上等原料皮加工而成 革面上保留完好的天然状态 涂层薄，能展现出动物皮自然的花纹美 耐磨，且具有良好的透气性 在诸多的皮革品种中居于榜首	酒店、会所、住宅
修面革		利用磨革机将革表面轻磨后进行涂饰，再压上相应的花纹而制成 是对带有伤残或粗糙的革面进行了修整 几乎失掉原有的表面状态，涂饰层较厚 耐磨性和透气性比全粒面革差	酒店、会所、咖啡厅、售楼处、办公室、住宅
二层革	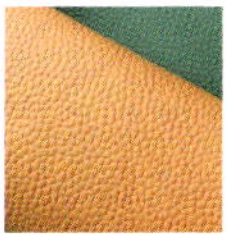	是厚皮用片皮机剖层而得的 头层用来做全粒面革或修面革 二层经过涂饰或贴膜等系列工序制成二层革 牢度、耐磨性较差 同类皮革中最廉价的一种	酒店、会所、咖啡厅、KTV、酒吧、售楼处、办公室、餐厅、住宅

施工及安装步骤

天然皮革软包墙施工流程：

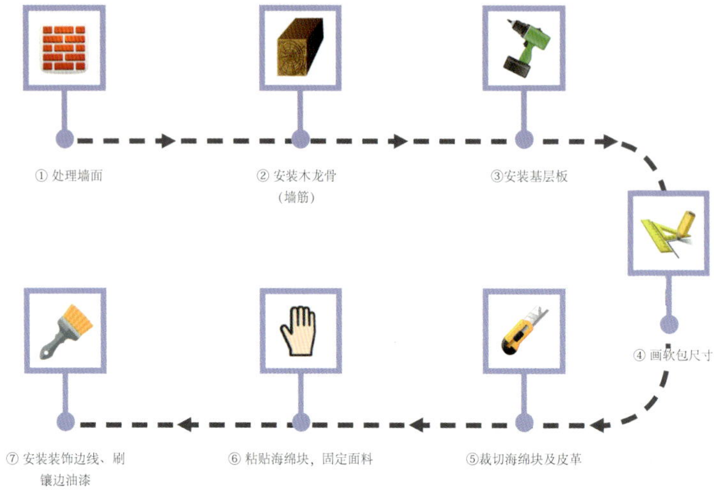

施工要点：

· 铺贴一毡二油防潮层，安装 50 毫米 ×50 毫米木墙筋，中距为 450 毫米，上铺五层胶合板。

· 先确定施工方式，而后按照设计要求进行用料计算和填充料、面料的套裁工作。

· 皮料在下料时每边应长出 50 毫米，以便于包裹绷边，要求必须横平竖直、不得歪斜。

· 注意同一房间、同一图案与面料必须用同一卷材料和相同部位（含填充料）套裁面料。

温馨提示

软包施工有一定的作业条件，具体如下：

（1）顶、地：房间里的吊顶及地面分项工程基本完成，并符合设计要求。

（2）木工：房间里的木护墙和细木装修底板已基本完成，并符合设计要求。

施工方式

天然皮革的施工有软包铺贴法和硬包铺贴法。

软包铺贴法

操作：衬板通常使用9~12毫米的多层板，用气钉将衬板固定在龙骨上，在软包层底板（5毫米厚层板）上将填充物和皮料固定，而后将软包板用气钉固定到墙面衬板上。

要求：必须横平竖直，不得歪斜，尺寸应准确。

硬包铺贴法

操作：先固定底板，而后将皮革固定在底板上，或将皮革再加一层底板，做成硬包块，使用枪钉固定在墙面底板上。

要求：单块硬包面料不应有接缝，四周应绷压严密。

施工常见问题

变形及霉变

原因：环境过于潮湿或防潮措施未到位。

预防：木类材料含水率应低于12%，木龙骨和底板涂刷防水涂料，加装防潮层或基层可选用防水、不变形的材料等。

脏污或胶痕

原因：施工完成后或采取保护措施后未仔细清理。

预防：施工结束后应仔细对面层进行清理；若施工程序插入过早，需安装保护膜做保护，而后需将固定膜的钉眼和胶痕处理干净。

粘接不牢固

原因：施工操作不当或胶黏剂质量不佳。

预防：涂胶黏剂时应确保均匀、到位；胶黏剂的黏结力必须足够并具有合格证和试验报告。

家装经典案例

① PU 合成皮革　②④⑥ 修面革　③ 玻璃马赛克　⑤ 大理石拼花

④

⑥

公装经典案例

①④⑥UV 板 ②二层革软包 ③大理石拼花 ⑤修面革硬包

设计须知

· 天然皮革即可做软包设计也可做硬包设计，硬包施工方式可参考布艺。

· 若所在地区比较潮湿，不建议使用天然皮革装饰墙面，可用合成皮革等代替。

· 天然皮革使用时应注意，尽量避免用在阳光强烈的直射区，否则很容易变色或变脆。

· 皮革可染色，所以色彩丰富，可结合室内其他部分进行选择，但色彩不能过于突兀。

人造皮革

人造皮革是一种外观、手感似天然皮革，并可代替其使用的材料，通常以织物为底基，在底层上涂覆 PVC 树脂、增塑剂、稳定剂等添加剂或 PU 树脂制成。相对于天然皮革来说，颜色更多样，性价比也更高。

市场价格 | 连工带料价格为 100~1500 元 / 平方米。

材料性能

人造皮革几乎可用在任何天然皮革所用之处，其特点如下：

- **颜色多样。**人工制造，可任意调制色彩，因此色彩比天然皮革的选择范围广。
- **幅面大。**不存在天然皮革大小、部位差等情况，幅面可定制。
- **无瑕疵。**表面粒纹细致、颜色均匀，无起皮、裂纹现象，厚薄一致。
- **有一定强度。**有一定的韧性、强度、耐磨性和耐寒度。
- **手感柔软。**手感柔软、有弹性，但触感整体不如天然皮革。
- **透气性差。**没有天然毛细孔，所以透气性差，低温变硬后会导致龟裂和手感变差。

材料分类及特点

人造皮革可分为 PVC 人造皮革、PU 人造皮革和 PU 合成皮革三种类型。

名称	例图	特点	适用范围
PVC 人造皮革		在织物上涂覆 PVC 树脂、助剂再覆合一层 PVC 膜，经一定的工艺加工制成 强度高，加工容易，成本低廉 近似天然皮革，具有柔软、耐磨等特点 耐油性、耐高温性差 低温柔软性和手感较差	酒店、会所、咖啡厅、KTV、酒吧、售楼处、办公室、餐厅、住宅
PU 人造皮革		以 PU 树脂为原料制成 是 PVC 人造皮革的早期代替品 透气性、柔韧性、手感、外观等方面，几乎与天然皮革相仿 但整体性能不如 PU 合成皮革	酒店、会所、咖啡厅、KTV、酒吧、售楼处、办公室、餐厅、住宅
PU 合成皮革		以 PU 树脂与无纺布为原料制成 应用范围广、品种多 更接近天然皮革的质感 不会变硬、变暗，色彩丰富，定型效果好 强度高，薄而有弹性，柔软滑润 透气透水性好，并可防水	酒店、会所、咖啡厅、KTV、酒吧、售楼处、办公室、餐厅、住宅

施工及安装步骤

人造皮革软包墙分块固定法施工流程：

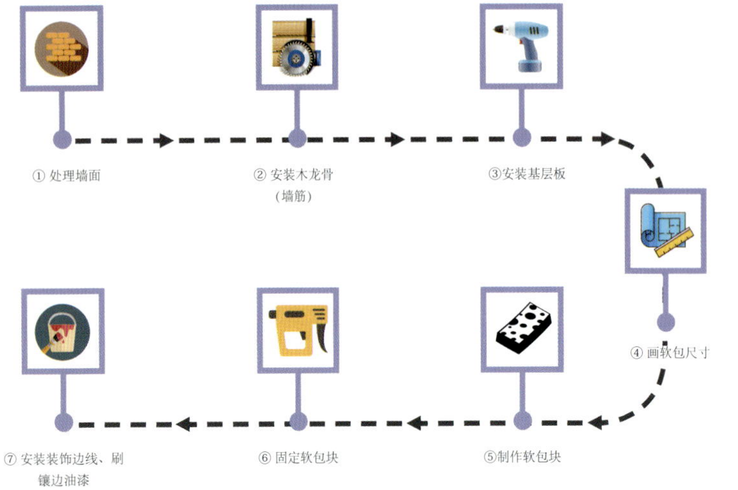

施工要点：

· 先检查软包部位基层情况，如有不平整、不垂直、松动开裂现象，应先对其进行处理。

· 根据现场墙面特点，制作木龙骨网片，木龙骨网片采用横纵向钉接或榫接。

· 衬板与木龙骨的接触面上满刷乳胶，后用气钉将衬板固定在龙骨上，若面积大应留 5 毫米缝隙。

· 将软包块制作好后在其表面刷满乳胶，再用气钉枪将其边框固定在墙面的基层衬板上。

温馨提示

安装完成后认真核对质量，不合格须返工，具体要求如下：

（1）面层：表面面料平整，经纬线顺直，色泽一致，无污染，压条无错台、错位。

（2）填充：内部填充松紧适度，面层挺秀、饱满、平整，无皱褶、污染，接缝严密。

施工方式

人造皮革的铺钉方法，主要有成卷铺装和分块固定两种形式。

成卷铺装

操作：人造皮革材料可成卷供应，当施工较大面积时，可进行成卷铺装。但需注意，人造皮革卷材的幅面宽度应大于横向木筋中距 50~80 毫米，并须保证基面五夹板的接缝位于墙筋上。

适用：所有人造皮革。

分块固定

操作：首先将皮革与夹板按设计要求分格，进行预裁，以五夹板压住皮革面层，压边 20~30 毫米，用圆钉钉于木筋上，然后将皮革与木夹板之间填入衬垫材料并包覆固定。

适用：天然皮革、所有人造皮革。

施工常见问题

面层不平

原因：基层不平或有鼓包。

预防：施工需对基层进行处理，使垂直度和平整度达到施工标准。

面层发霉

原因：基层未做好防潮处理。

预防：用防腐涂料对基层木筋、基层板等进行处理，或铺垫防潮层。

翘边、翘缝

原因：软包面的接缝或边缘涂胶少。

预防：涂刷胶黏剂时应刷满、刷匀，在接缝或边缘处可适当多刷一些。涂刷好胶黏剂后要赶平、压实，并将多余的胶黏剂擦除干净。

家装经典案例

① ⑥ 金色不锈钢造型　② 大理石　③ 羊毛地毯　④ ⑤ 深茶色人造皮革

④

⑤
⑥

公装经典案例

① 装饰石膏板 ②⑤ 人造皮革软包 ③ 微晶石 ④ 石膏板吊顶 ⑥ 金色不锈钢

设计须知

· 人造皮革的色彩和加工方式较丰富，可以很好地代替天然皮革，甚至效果更优越。

· 人造皮革有很多表面用压延法制作的款式，有立体圆形、菱形等纹路，追求华丽感或个性效果时，可选择此类人造皮革。

· 人造皮革除了可以做硬包、软包墙外，还可用来制作移门、家具门、KTV 家具等。

11

第十一章
结构板材

细木工板
指接板
欧松板
三聚氰胺板

结构板材是指在室内装饰工程中，用作基层找平或基层结构的一类板材，可用在家具、门窗套、门、墙面造型等部分。

部分结构板材具有较为独特的纹理，如欧松板、指接板等，还可直接当作饰面建材使用。

结构板材可分为实木板、木芯板和合成板三种类型。

实木板 以松木、杉木等实木为原料制作的板材，典型代表为指接板，比较来说，环保性能最好。

木芯板 中间为实木条拼接而成的木芯，两侧面层覆盖两层或多层胶合板（如细木工板），是非常传统的结构板材。

合成板 将木屑、木片等原料加入胶黏剂，再经过一系列工艺制作而成的板材，如多层板、欧松板、三聚氰胺板等。

细木工板

细木工板又称大芯板，是指在胶合板生产基础上，以木板条拼接或空心板作芯板，两面覆盖两层或多层胶合板，经胶压制成的一种特殊胶合板。在室内装饰工程中，属于出现比较早的一类结构板材。

市场价格 | 连工带料价格为 200~400 元 / 平方米。

材料性能

细木工板的特点主要由芯板结构决定，总的来说包括以下几点：

· **易施工。**握钉力好，强度高，加工简便。

· **质地坚硬。**质坚、吸声、绝热。

· **含水率低。**合格品的含水率较低，在 10%~13% 之间。

· **稳定性强。**比实木板材稳定性强，但怕潮湿，不能用在厨房和卫浴间中。

· **竖向的抗弯压强度差。**内部的实木条为纵向拼接，长期受力会导致明显的横向变形。

· **环保性较差。**甲醛释放量普遍较高，环保标准普遍偏低。

材料分类及特点

细木工板芯材的材种有杨木、桦木、松木及泡桐木等。

名称	例图	特点	适用范围
杨木 桦木		综合性能最好 质地密实，木质不软不硬 握钉力好，不易变形	酒店、会所、咖啡厅、KTV、酒吧、售楼处、办公室、餐厅、住宅
松木		质地坚硬，不易压制 拼接结构不好 握钉力差 变形系数大	酒店、会所、咖啡厅、KTV、酒吧、售楼处、办公室、餐厅、住宅
泡桐木		重量很轻、较软、吸收水分大 握钉力差，不易烘干 制成的板材在使用过程中水分蒸发后，易干裂变形	酒店、会所、咖啡厅、KTV、酒吧、售楼处、办公室、餐厅、住宅

施工及安装步骤

细木工板墙面造型基层施工流程：

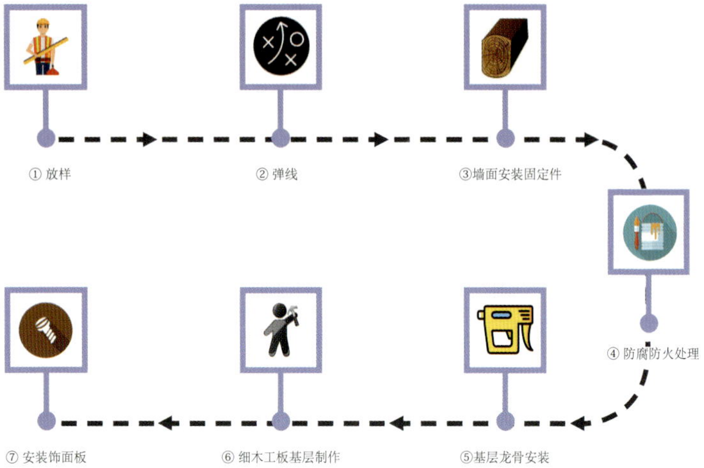

施工要点：

· 根据设计图纸，在墙上画出水平标高线和外围轮廓线，然后弹出龙骨分格线。

· 固定件可选木橛或在砌墙时预埋木砖或固定铁件，位置应符合龙骨分档的尺寸。

· 平墙面木龙骨骨架制作采用相同规格的木料，开楔口带胶拼装，拼接处加枪钉固定。

· 弧形墙面骨架采用木龙骨，横档采用细木工板制成的弧形条，与竖向龙骨楔口带胶拼装，枪钉固定。

温馨提示

木龙骨基层的防潮措施很重要，具体要求如下：

（1）潮湿地区：木龙骨表面涂和粉刷后的墙面，均需涂刷二道防腐涂料。

（2）湿度小的地区：在木龙骨表面刷二道防腐涂料。

施工方式

细木工板造型墙基层施工，有木龙骨和轻钢龙骨两种安装方式。

木龙骨安装

操作：墙面预埋木楔或在砌墙时预埋木砖，而后将细木工板固定在木龙骨骨架上，面层安装饰面板。

优点：木龙骨加工较容易。木龙骨安装是较常用的一种施工方式。

缺点：需做好木龙骨的防腐、防火处理，否则容易受潮变形和发生火灾。

适用：平面墙、柱、曲面墙。

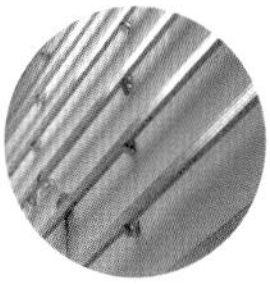

轻钢龙骨安装

操作：墙面预埋固定铁件，而后将细木工板固定在木龙骨骨架上，面层安装饰面板。

优点：操作简便，龙骨防腐、防火性能好，不易变形，现场容易保证整洁。

缺点：造价高，施工相对较难。

适用：平面墙。

施工常见问题

变形

原因：未做好防腐处理或龙骨含水率不合格。

预防：根据地区的湿度对木龙骨做好防潮处理，若过于潮湿，可将板背面也做一层防潮层；木龙骨的含水率应控制在 12% 以内。

固定不牢

原因：大面积墙面，龙骨间距设计不合理。

预防：平墙面木龙骨横竖间距一般不大于 400 毫米。

面层与基层空鼓

原因：基层板上有油渍等污染物或基层板不平整，未用射钉固定。

预防：小面积空鼓可增加射钉，大面积空鼓须重新返工。

家装经典案例

①⑤⑥细木工板造型橙色混油漆饰面 ②剑麻地毯 ③强化地板 ④白色乳胶漆

④
⑤
⑥

公装经典案例

①③④⑤⑥⑦ 细木工板造型　② 蓝色乳胶漆

设计须知

· 细木工板可用于制作门、门窗套、墙面造型、柱面造型、隔断、假墙、窗帘盒以及家具等的基层。

· 一般 100 平方米左右的家居中，使用 EO 级的细木工板数量不宜超 20 张。

· 不要在地板下面用细木工板做衬板，否则甲醛易超标。

指接板

指接板是由多块实木板拼接而制成的，面层不粘压夹板，构成的竖向木板类似两手手指交叉对接，故称指接板。指接板与木工板的用途一样，只是在生产过程中用胶量比木工板少得多，越来越多的人开始选用指接板来替代木工板。

市场价格 | 连工带料价格为 200~450 元 / 平方米。

材料性能

指接板的具体特点如下：

· **纹理独特。**指接板表面有原木的纹路，给人回归自然的感觉。

· **更环保。**上下无须粘贴夹板，用胶量大大减少。胶为水溶性，更环保，无毒无味。

· **用法多样。**可用来做基层结构，也在做结构基层的同时兼做面材，直接刷漆即可，省去了粘贴饰面板的步骤。

· **易加工。**加工方式多样且简便，可切割、钻孔、锯加工等。

· **不耐潮湿。**耐用性低于实木，湿度高易变形。

材料分类及特点

实木指接板按表面效果分为无节疤和有节疤两种，按制作方式可分为明齿和暗齿两种。

名称	例图	特点	适用范围
无节疤 实木指接板		表面不存在疤眼 装饰效果较为美观	酒店、会所、咖啡厅、KTV、酒吧、售楼处、办公室、餐厅、住宅
有节疤 实木指接板	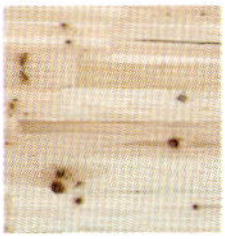	表面存在疤眼装饰 装饰效果较个性	酒店、会所、咖啡厅、KTV、酒吧、售楼处、办公室、餐厅、住宅
明齿 实木指接板		指接痕迹较明显 制作起来比暗齿简单，价格低 上漆后较容易出现不平的现象	酒店、会所、咖啡厅、KTV、酒吧、售楼处、办公室、餐厅、住宅
暗齿 实木指接板		直接痕迹不明显 制作较麻烦，价格略高 更美观、装饰效果好	酒店、会所、咖啡厅、KTV、酒吧、售楼处、办公室、餐厅、住宅

施工及安装步骤

指接板柜子施工流程：

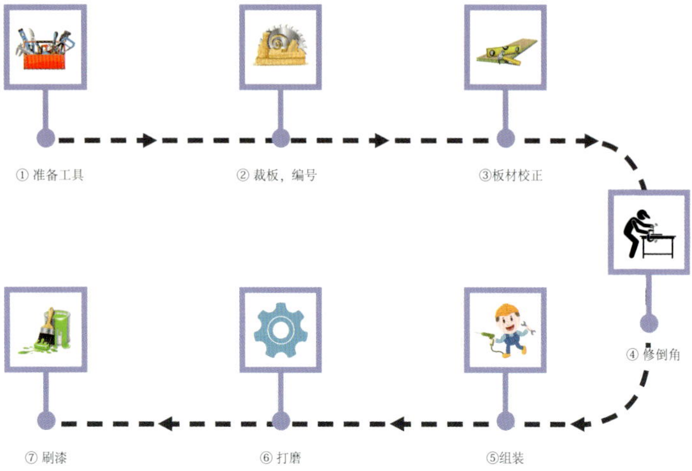

施工要点：

· 材料进场后，用油漆将指接板正反面封闭后再施工，可降低指接板的变形概率。

· 裁板完成后，若发现有轻微的变形现象，可用重物压在板面上，使其平整。

· 组装板块可用钉子或板式家具的专用角铁，背板使用码钉固定。

·门柜分隔处，柜内横撑可采用双层，以使柜子受力均匀，避免变形。

温馨提示

柜子的组装顺序应考虑清楚，具体要求如下：

（1）做好计划：安装时考虑好安装的先后顺序，否则可能会拆开重装。

（2）背板先装：固定框架的时候一定要先装背板，不然柜体可能会散架。

施工方式

指接板柜子的施工方式可分为不贴面和贴面两种方式。

不贴面

操作：柜子表面不再用其他饰面板做饰面，直接用指接板兼做饰面，结构完成后，表面涂刷清漆，裸露指接板的纹理。

优点：污染源减少，装饰效果个性。

缺点：若施工过程处理不好，柜子容易变形。

适用：田园风格。

贴面

操作：将指接板作为基层板使用，柜子结构完成后，表面覆盖一层其他类型的饰面板，如薄木贴面板、多层板等，表面可做清漆也可作白漆。

优点：样式更多样化。

缺点：增加了污染源。

适用：所有装饰风格。

施工常见问题

变形、开裂

原因：所在地区湿度大或横板跨度大。

预防：潮湿地区做好防潮处理可降低变形、开裂的概率；设计时，应适当减小横向跨度尺寸。

接缝不严密或接缝高低不平

原因：施工人员的技术水平问题。

预防：可提前查验工人的技术水平，以避免出现此类问题。

钉眼未补

原因：枪钉沉入深度不足。

预防：枪钉应沉入3毫米以下，以便于填补钉眼。

家装经典案例

① 布艺软包 ② 黑镜 ③ ⑤ 指接板造型 ④ 花鸟图案手绘壁纸 ⑥ 抽象水墨图案手绘壁纸

③
④

⑤
⑥

公装经典案例

① 指接板条　②④⑤⑦ 无节疤暗齿指接板　③ 白色乳胶漆　⑥软膜顶棚

设计须知

· 自然风格的家居中，可直接用指接板制作柜子，而不再叠加饰面。

· 若追求个性效果，可选有节疤的板材来制作柜子。

· 指接板跨度过大容易变形，不建议将长度设计得过长，如设计书柜时，可将竖档的尺寸适当缩小。

欧松板

欧松板在国际上通称为 OSB，它是将木芯加工成刨片，经一系列工艺制成的一种定向结构板材。其原料来源比较广泛，并可制成大幅面板，是传统胶合板和细木工板的代替品。它与指接板相似的是，也可直接作为面材使用。

市场价格 | 连工带料价格为 300~1000 元 / 平方米。

材料性能

欧松板是目前发展最迅速的板材，它具有以下特点：

· **效果独特。**具有独特的木片状纹理，装饰效果自然而个性。

· **甲醛释放较低。**环保性极佳，甲醛释放量几乎为零，可以与天然木材相比。

· **结实、体轻。**结实耐用，且比中纤板、刨花板、三聚氰胺板等板材制作的家具重量轻。

· **稳定性好。**无接头，无缝隙、裂痕，膨胀系数小，稳定性好，不变形。

· **易加工、防潮。**可以像木材一样锯、刨、钻、钉、矬等，且具有很好的防潮性。

· **握普通钉能力差。**欧松板握螺钉力较好，但对普通钉的握钉能力差。

材料分类及特点

欧松板可分为 OSB-1、OSB-2、OSB-3 和 OSB-4 四种类型。

名称	例图	特点	适用范围
OSB-1		一般用途板材 室内装饰装修用板 普通家具用板 适用于室内干燥环境下	酒店、会所、咖啡厅、KTV、酒吧、售楼处、办公室、餐厅、住宅
OSB-2		室内装饰装修用板 普通家具用板 木门、沙发龙骨材料等 用于干燥环境下的承载板材	酒店、会所、咖啡厅、KTV、酒吧、售楼处、办公室、餐厅、住宅
OSB-3		承载板材 房屋隔断墙、屋面的履盖板 潮湿环境装修、家具用板 具备 OSB-2 的所有特性 适用于潮湿环境下	酒店、会所、咖啡厅、KTV、酒吧、售楼处、办公室、餐厅、住宅
OSB-4		承重载板材 房屋承重墙、隔断墙、屋面的履盖板 具备 OSB-3 的所有特性 适用于潮湿环境下	酒店、会所、咖啡厅、KTV、酒吧、售楼处、办公室、餐厅、住宅

施工及安装步骤

欧松板墙施工流程：

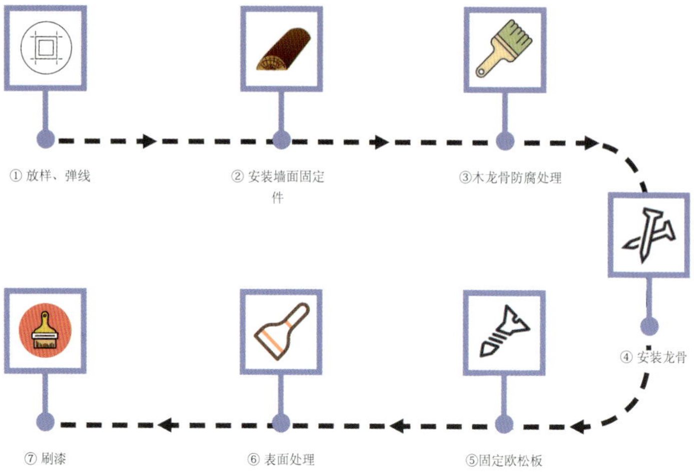

施工要点：

· 根据设计图纸要求，在墙上画出水平标高线和造型外围轮廓线，并弹出龙骨分格线。
· 正面卧钉与基层龙骨等连接应使用自攻钉，距板边不能小于 12 毫米，锯角不小于 25 毫米。
· 边部均应以实木线条收边，以保证欧松板的强度。线条先用白乳胶粘贴，再用射钉固定。

温馨提示

欧松板表面有坑洞，表面刷清漆处理很重要，具体要求如下：

（1）批灰：对坑洞夸张的板材，表面需批一遍调过色的灰或上几遍透明腻子。
（2）涂装：每道漆干后都要用水砂纸打磨，最少要喷涂三道（二底一面）油漆，喷五道（三底两面）油漆效果更好。

施工方式

欧松板的施工方式与指接板相同，分为贴面和不贴面两种。

不贴面

操作：欧松板造型完工后，表面不再用其他饰面板做封面处理，直接在欧松板板面上刮腻子，做清漆或混油漆饰面。

适用：墙面、家具、隔断、屋面覆盖、地板等。

贴面

操作：欧松板做基层使用。造型完工后，用其他类型的饰面板封面，如薄木贴面板、防火板、铝塑板等。饰面板采用胶粘后，再用枪钉加固。

适用：墙面、家具、隔断等。

施工常见问题

侧面卧钉劈裂或不牢固

原因：施工操作方式不正确。

预防：侧面握钉时，应根据板材的厚度决定自攻钉的直径，若自攻钉直径过大则会劈裂；侧面卧钉前，应先用电钻打小孔，再上自攻钉。

边线翘起

原因：木线固定方式不正确或胶内有杂物。

预防：实木线固定遵循施工标准。刷胶前将欧松板侧面和木线条表面清理干净，避免粘上灰尘。

面板固定翘边、鼓包

原因：施工人员操作不规范。

预防：将立时得胶涂刷在欧松板面层上，均匀涂刷。若使用防火板或铝塑板，需将它们粘贴在欧松板上，而后用重物压实；若为薄木饰面板，则刷白乳胶后用蚊钉加固。

家装经典案例

①白色玻化砖　②PVC壁纸　③④⑥欧松板　⑤超白镜

③
④

⑤
⑥

公装经典案例

① 印刷玻璃　②④⑥⑦欧松板　③⑤水泥地坪

设计须知

· 欧松板的面层可以直接贴防火板、装饰板及铝塑板，但不能贴木皮。

· 若想要塑造浓郁的自然感，用欧松板做完结构后，可直接涂装清漆。

· 欧松板纹理个性较强，可与其他建材组合使用，来减弱这种感觉。

· 设计柜子等家具时，若注重其拆装的便利性，则可用欧松板来制作。

三聚氰胺板

三聚氰胺板，简称三氰板，表面无需做涂饰，因此又被称为免漆板和生态板。它是将带有不同颜色或纹理的纸放入三聚氰胺树脂胶黏剂中浸泡，干燥后铺装在刨花板、细木工板、密度板等基材板的表面，经热压制成的装饰板。

市场价格 | 连工带料价格为 150~400 元 / 平方米。

材料性能

刨花板的特点由其结构决定，具体如下：

- **样式繁多。**具有天然质感，木纹清晰，表面无色差，世界上流行的木种应有尽有。
- **施工简便。**集构造和饰面功能为一体，不必油漆，可节省施工费，并缩短施工时间。
- **综合性能好。**离火自熄、耐洗、耐磨、防潮、防腐、防酸、防碱，不易粘灰尘。
- **环保性能较佳。**本身毒性小，且无需喷涂油漆，因此可减少苯、油漆等污染。
- **不耐晒。**耐晒性和耐久性差。
- **不易修复。**在表面出现划痕或破损后，基本无法进行修补。

材料分类及特点

三聚氰胺板按照芯材分类，常用的有多层板芯、颗粒板芯和实木芯等。

名称	例图	特点	适用范围
多层板芯三聚氰胺板		内芯为多层板 密度低、容重小、强度高 层次越多，强度越高，承重力越强 综合性能不如实木芯，但性价比高	酒店、会所、咖啡厅、KTV、酒吧、售楼处、办公室、餐厅、住宅
颗粒板芯三聚氰胺板		内芯为颗粒板 结构比较均匀，加工性能好 表面较为平整 结构粗糙，密合强度弱 综合性能不如实木芯，但性价比高	酒店、会所、咖啡厅、KTV、酒吧、售楼处、办公室、餐厅、住宅
实木芯三聚氰胺板		内芯为实木板条 内部结构均匀，结合力大，变形小 胶合性高，表面平整度好 握钉力强，稳定性强 做成品更坚固耐用	酒店、会所、咖啡厅、KTV、酒吧、售楼处、办公室、餐厅、住宅

施工及安装步骤

三聚氰胺板柜子施工流程：

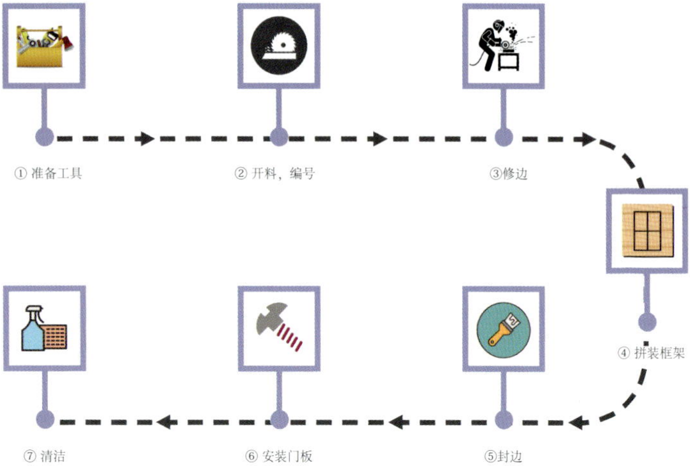

施工要点：

· 开料时，应以直线锯切为主。通常可先在板材上画好规格尺寸，然后再锯切。

· 修边作业前，应清除板件表面的灰尘或异物，以免在板件表面留下划痕或刻痕。

· 打磨边缘时，应注意不要损坏表面装饰层，打磨结束后，用抛光剂对边缘进行抛光处理。

· 如表面出现斑点或污迹，可用毛巾蘸取少量油性清洁剂轻轻擦拭；如果没有斑点或污迹，用一般清洁剂（如肥皂加水或洗洁精加水）擦拭即可。

温馨提示

三聚氰胺板大型家具的防潮措施很重要，可采取以下方式：

在固定衣柜前，在背板处或墙面粘贴一层防潮层，可避免因墙体受潮而导致家具变形。

施工方式

三聚氰胺板柜子施工可分为黏结和钉接两种方式。

黏结

操作：板块和板块之间用胶黏结，完全不使用钉子。黏结面要全部涂布到，拼接后用夹子夹 30 分钟左右。竖直方向黏合时需开口，以确保黏合强度。

优点：表面不留任何钉接痕迹，不会划伤板面。

缺点：大型家具容易黏结不牢，需要采用插接式的榫卯工艺，对施工水平要求较高。

钉接

操作：板块之间用钉子连接。若使用螺钉，应先用比螺钉直径小的钻头钻一个小孔，然后向小孔注入胶黏剂，再把螺钉拧入，螺钉牙纹的上沿部分，拧入 5 毫米以上。

优点：操作简单。

缺点：板材表面容易被划伤。

施工常见问题

脱皮、翘起

原因：防潮未做好。

解决：固定式柜子背部必须做防潮工作；在设计时，可加高柜脚。

开裂、变形

原因：潮湿或选择的板材质量不佳、厚度过薄。

解决：做好防潮工作，选择板材时注意质量，可选厚度大一些的产品。

边条开胶

原因：施工时操作不规范。

解决：涂胶时应用油漆刷施胶，再用刮刀分布均匀。胶黏剂凉干至有黏性、不粘手时再粘贴，否则易起泡或脱落。

家装经典案例

①③ 水泥粉光 ②白色乳胶漆 ④⑥三聚氰胺板 ⑤⑦复合地板

公装经典案例

①②⑤⑥⑦三聚氰胺板　③孔洞实木板　④软木地板

设计须知

· 三聚氰胺板可以用在衣帽间、壁柜、墙面装饰、吊顶、衣柜、书柜、桌椅、鞋柜、浴室柜、酒柜等部位。

· 选择三聚氰胺板时，需注意其纹理及色彩，宜与居室整体风格相协调。

· 三聚氰胺板装饰墙面多用在公共场所中，为避免单调，可加一些线条增加动感。

12

第十二章
门 窗

装饰门

推拉门

折叠门

装饰窗

门窗在早期仅具有保护安全以及隔音、分隔空间、保护隐私等作用，无论是种类还是样式均比较少。

随着装饰行业的发展，门窗类建材，在注重质量的同时，也愈加注重装饰效果。这种对美的追求，使得门窗的种类越来越丰富多样。

门窗的分类方法非常多，可以从材质、外观、作用等方面划分，但总体来说，可以将其分为装饰门窗和功能性门窗两种。

装饰门窗 此类门窗在兼顾实用性的同时，更多地考虑外观的美观性，如室内的实木门、复合门、造型窗等。

功能性门窗 此类门窗更注重功能性，如分隔空间、隔音、气密性等，作为装饰建材较为常用的是推拉门和折叠门。

装饰门

装饰门在具有隔断空间、隔音、保护隐私性、保护安全性的同时，还能够起到一定的装饰作用，可根据使用空间的不同功能，呈现出不同的视觉效果，为室内整体设计增砖添瓦。

市场价格 | 连工带料价格为 1000~5000 元 / 樘。

材料性能

装饰门种类较多，特点具体如下：

· **极佳的装饰性。**大部分的室内空间中，门的数量都较多，选择装饰门可以提升空间整体的装饰性和品位。

· **种类繁多。**从材质上来分，有木门、玻璃门、金属门等；从形式上分，有平开门、移门、对开门等；从造型上分，有拼板门、雕花门、压花门等，适合不同功能的空间。

· **安装简单。**现在的门多为定制产品，到现场组装即可，可减少施工污染。

· **易打理。**除实木门外，其他类型的门保养和打理都非常简单。

材料分类及特点

室内装饰门按照制作材料可分为实木门、实木复合门、模压门、玻璃门和金属门。

名称	例图	特点	适用范围
实木门		制作材料取自天然原木或者实木集成材 不变形，耐腐蚀，无裂纹 硬度高，绿色环保 隔热、保温，可调温、调湿	酒店、会所、咖啡厅、KTV、酒吧、售楼处、办公室、餐厅、住宅
实木复合门		门芯多以松木、杉木或进口填充材料等黏合而成，外贴密度板和实木木皮 外表装饰效果类似实木门，但价格低 重量轻，耐冲击，强度高、耐久性好	酒店、会所、咖啡厅、KTV、酒吧、售楼处、办公室、餐厅、住宅
模压门		由造型和仿真木纹的模压门皮板压制 具有木材纹理的效果，可刷漆改变颜色 不易变形，表面不龟裂，不变色 隔音性差，装饰效果较差	酒店、会所、咖啡厅、KTV、酒吧、售楼处、办公室、餐厅、住宅
玻璃门		分为全玻门和半玻门两种 玻璃种类繁多，色彩各异 光泽感极强，具有极强的装饰性 具有耐腐蚀、易清洗、抗冲刷等特点	酒店、会所、咖啡厅、KTV、酒吧、售楼处、办公室、餐厅、住宅
金属门		常用的金属门有铜、不锈钢和铝合金等 色泽持久艳丽，部分款式可加图案纹饰 硬度极高，耐腐蚀、耐刮磨 使用寿命长，无需太多护理	酒店、会所、咖啡厅、KTV、酒吧、售楼处、办公室、餐厅、住宅

施工及安装步骤

装饰门安装流程：

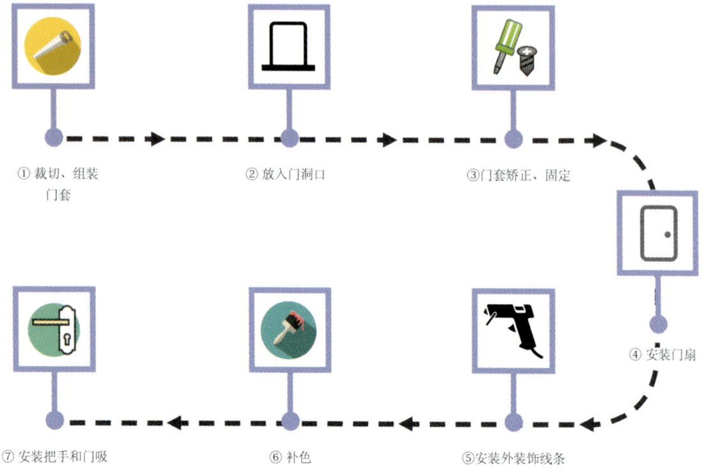

施工要点：

· 门套组装好进入门洞，用尺子、垂直的线来对安装的门套进行矫正，使其方正。

· 水平垂直度调整准确无误后，左右侧板胶缝处各塞 5 个以上木块，与墙体用发泡胶黏合固定。

· 门套与墙体间的固定螺钉，每米不应少于 3 个；门套宽度大于 200 毫米时应加装固定铁片。

· 安装线条时，把线条边缘部分截成 45 度，横线条和竖线条成 90 度黏贴，最后再钉在门框上，并盖好钉条。

温馨提示

按照完成的门要及时进行检验，发现问题及时进行调整，避免后期使用出现质量问题：

（1）门套：门套与门洞的连接处应严密、平整、无黑缝，门套装好后，应水平、垂直。

（2）缝隙：门套与门扇间缝隙，下边为 6 毫米，其余三边为 2 毫米。

施工方式

装饰门施工可分为定制安装和现场制作两种方式。

定制安装

操作：制作在厂家完成，到达施工现场后，仅需进行组装。

优点：可有效减少现场施工污染，产品变形概率低，门的款式多。

缺点：门的质量不容易把控。

现场制作

操作：根据设计样式，现场制作门套和门板，并在制作完成后进行安装。

优点：可现场监控质量。

缺点：施工现场污染大，可选样式少，建材含水率控制不好容易变形、开裂。

施工常见问题

尺寸错误

原因：测量门洞时尺寸出现错误、计算门扇尺寸时出现错误。

解决：尺寸做大可锯掉多余部分，再油漆修补；尺寸做小，需返厂重新制作。

变形

原因：受气候的影响，木材或油漆的扩张力导致的产品变形。

解决：轻微的变形可用加压的方法进行处理，严重时返厂维修。

起泡、脱胶

原因：加工过程中热压温度过高或涂胶不均匀。

解决：面积大应返厂维修；面积较小，可用透明胶贴上起泡部位，用美工刀片划开木皮，用 502 胶水粘好，揭掉胶布后打磨补漆。

钉眼外鼓

原因：干湿度、温度差异较大引起。

解决：用美工刀片清理凸出部分，用腻子补平，打磨并补漆。

家装经典案例

①蓝色乳胶漆 ②百叶折叠门 ③深色实木地板 ④实木复合门 ⑤布艺 ⑥花砖

公装经典案例

① ④ ⑥ ⑧ 实木复合门　② 软膜顶棚　③ 水泥自流平　⑤ 印刷玻璃　⑦ 釉面砖　⑨ 橙色乳胶漆

设计须知

· 装饰门色彩宜与室内整体相协调，如当室内主色调为浅色系时，可挑选白色系的装饰门；当室内主色调为深色系时，可选择暖色系的装饰门。

· 装饰门的造型也宜与装饰风格呼应，若室内造型以曲线为主，门选曲线为主的款式会更协调。

推拉门

推拉门为横向开合的门，它通常以金属或木料为框架，搭配大面积玻璃制作。既能够分隔空间，又能够保障光线的充足，同时隔绝一定的音量，而拉开后两个空间便合二为一，不占空间，是一种非常实用的室内门。

市场价格 | 连工带料价格为 400~1500 元 / 平方米。

材料性能

乳胶漆具有与传统墙面涂料不同的众多优点，具体如下：

- **美化空间。**不同造型和材质的推拉门，具有装饰性，可美化室内环境。
- **灵活分区。**可经由推拉门的开、合，灵活地分隔空间，增加空间使用的弹性。
- **提高空间内的利用率。**开合时不占据空间，可大大提高空间的利用率。
- **增加采光。**可以增加室内的采光面积，让居室显得更轻盈。
- **适当隔音。**关闭后能适当隔音，并遮挡部分视线，增加私密性。
- **种类多样。**可用玻璃种类繁多，不同玻璃具有不同装饰效果。

材料分类及特点

推拉门按照制作材料不同可分为玻璃推拉门及木质推拉门。

名称	例图	特点	适用范围
玻璃推拉门		以玻璃为主的款式，最为常见 会搭配木质、铝合金等类型的框架 透光性极佳，光泽感强 款式、色彩多样 质感轻盈，具有极强的装饰性 不同类型的框架适合不同区域，如铝合金可用在卫浴等较潮湿的区域	酒店、会所、咖啡厅、KTV、酒吧、售楼处、办公室、餐厅、住宅
木质推拉门		以实木或复合木为主的款式 可做各种造型 色彩多样，装饰性好 通常采用单吊轨安装，非常个性 可单扇安装，也可对扇组合 比较来说，重量较大 不适合潮湿的区域	酒店、会所、咖啡厅、酒吧、办公室、餐厅、住宅

施工及安装步骤

推拉门安装流程：

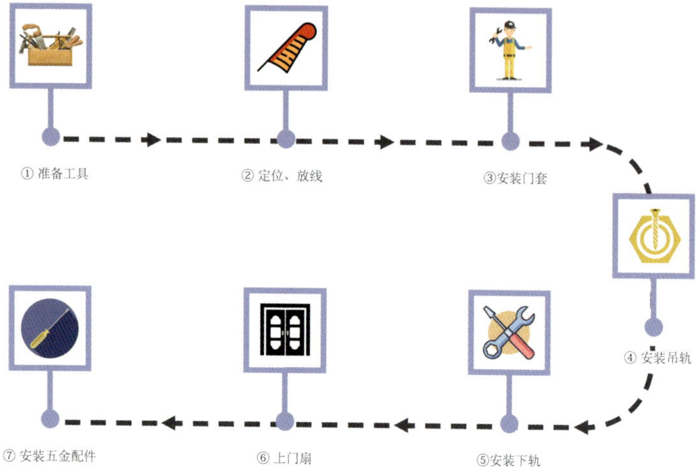

施工要点：

· 根据设计图纸的尺寸，在墙面和地面的安装位置上弹线，若连到顶棚，顶棚也要弹线。
· 将所需的零部件数量、质量、每个部件的规格尺寸按设计图逐一进行检查，以确保合格。
· 吊轨和下轨安装时应注意检测水平度，以免门扇安装后推拉不顺畅。
· 门扇安装后试开启，待完全顺畅，无任何阻力及曲翘、倾斜后，再上紧所有固定螺栓。

温馨提示

部分推拉门只需安装吊轨，可省去安装下轨的步骤。安装时，应注意以下事项：

（1）按照图纸施工：在安装玻璃推拉门前，一定要设计好图纸，根据设计图纸安装。
（2）卫浴：墙砖、地砖和下水管道铺设完成后再安装推拉门。

安装方式

推拉门的安装方式可分为落地式和悬吊式两种。

落地式

操作：同时在顶部和下方安装滑轨，门扇放入双轨道之中。

优点：上、下框贴合度较高，比较稳当，严密程度比较吊轨高；耐用，使用性能稳固。

缺点：地轨容易积灰，需要经常清理；积灰后，运行时有噪声；美观性较差。

悬吊式

操作：在顶部或门框上方安装吊轨，仅用吊轨固定门扇。

优点：在日常生活中地面不会堆积太多灰尘，推拉时几乎没有噪声，较美观。

缺点：用久了容易下落，也会影响墙体的稳固性；安装要求高。

安装常见问题

推拉不顺畅

原因：地面不平、吊轨与吊轮不配套或吊轨不水平。

预防：安装推拉门前，需对地面进行找平；吊轨和吊轮应选用配套产品；重新调整吊轨水平面。

移动时有晃动感

原因：门扇做得过宽。

预防：门扇合理宽度为 800 毫米，太宽的门稳定性不高，移动的时候容易造成晃动，也会影响轨道的使用寿命。

门扇变形

原因：边框型材厚度过薄。

预防：边框厚度至少需达到 1.2 毫米，才比较稳固，不易变形。

家装经典案例 1

① 灰色布艺硬包　② 白色护墙板　③ 大理石　④ 金属推拉门　⑤ 白色布艺硬包

④

⑤

家装经典案例 2

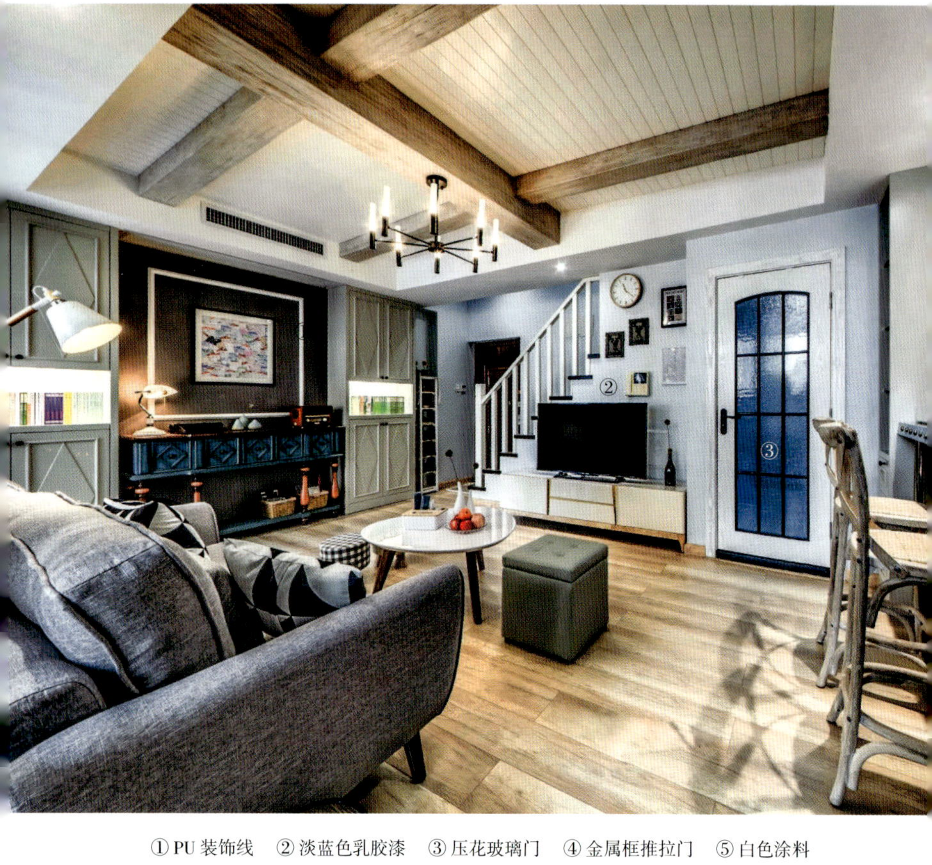

① PU 装饰线　② 淡蓝色乳胶漆　③ 压花玻璃门　④ 金属框推拉门　⑤ 白色涂料

设计须知

· 推拉门单扇的黄金尺寸为 80 厘米 ×200 厘米左右，若门洞高于 200 厘米，设计时，需减少门的宽度。

· 推拉门采用吊轨还是地轨，可结合门扇的数量、室内风格和使用的便利性来决定。

· 推拉门在公共场所中，更适合在小空间内使用，如酒店客房、餐厅包间等空间。

折叠门

折叠门与推拉门相同的是均沿着横向轨道移动，但折叠门会占据小部分室内面积。其结构为多扇折叠，可推移到一侧或两侧，适用于各种大小洞口，尤其是宽度很大的洞口，用途比较广泛。

市场价格 | 连工带料价格为 400~1500 元 / 平方米。

材料性能

折叠门使用便利，其具体特点如下：

· **美观。**具有美观大方、样式新颖、花色多样的优点。

· **使用灵活。**占地面积小，可有效节约空间，并灵活分隔空间。

· **综合性能好。**重量轻，保温隔冷热、防潮、防火阻燃、降噪隔音、耐酸碱、耐腐蚀。

· **安装简单。**安装简便快速，使用寿命长，维修方便。

· **易打理。**不沾油烟，易清洗，不易变色，适合厨房、浴室、卫生间等场合使用。

· **密闭性较差。**密封性、保温性稍差，滑轮和折页等部件易磨损，需配备高质量的配件。

材料分类及特点

折叠门按照制作材料可分为玻璃折叠门、铝合金玻璃折叠门、木质折叠门及木百叶折叠门等。

名称	例图	特点	适用范围
玻璃折叠门		门框常用的为木质和铝合金两类 玻璃种类多样，装饰效果好 适合较注重装饰效果和采光性的区域	酒店、会所、咖啡厅、KTV、酒吧、售楼处、办公室、餐厅、住宅
铝合金玻璃折叠门		重量轻、移动便利 耐水、耐腐蚀，易清洁，保养和打理方便 有纯色和仿木纹的款式，装饰性略差 可用在卫浴等潮湿区域	酒店、会所、咖啡厅、KTV、酒吧、售楼处、办公室、餐厅、住宅
木质折叠门		门扇以实木或复合木等木质材料为主 色彩、款式多样 可以完全阻隔空间 适合对私密性要求高的空间	酒店、会所、办公室、餐厅、住宅
木百叶折叠门		门扇为百叶形式 可遮挡全部或部分视线，但能够透风 百叶角度可调节，样式少但色彩多样 具有较好的装饰效果	酒店、会所、办公室、住宅

施工及安装步骤

折叠门安装工艺流程：

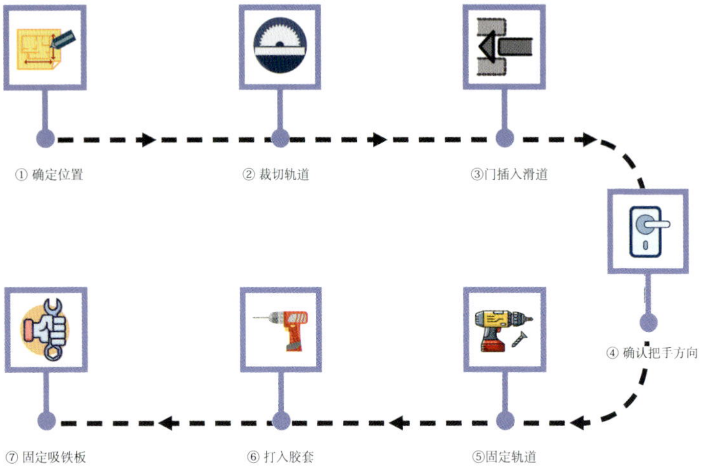

施工要点：

· 若轨道过长需要锯掉长出部分，操作时注意不要让锯屑进入轨道里。

· 将折叠门捆扎状态下插入轨道，确认把手方向和简易锁的安装方向。

· 在确定折叠门开启方向后，用螺丝钉将轨道固定在墙上或门框上，顺序为先中间后两边。

· 在折叠门收起方向的门框上打下固定卡位，将门收起来，将后边框自上而下扣进固定卡位里。

温馨提示

折叠门安装完成后，可采取以下方式检验质量：

（1）滑动：来回多次推拉门扇，应顺滑无振动。

（2）缝隙：门扇关闭后，门扇与门扇之间应没有明显的缝隙。

安装方式

折叠门安装方式与推拉门相同，分为悬吊式和落地式两种。

悬吊式

操作：滑动轨道和轴心固定在上方，地面无需安装轨道。

优点：地面无任何部件，比较美观，推拉时不易产生噪声。

缺点：推拉时稳定性差，使用时间长了容易下落。

落地式

操作：折叠门的上方和地面部分均固定轨道和轴心。

优点：结构稳定，具有持久性。

缺点：美观性差，地面轨道容易积灰，不及时清理会产生噪声，并影响门的开合。

安装常见问题

把手装反

原因：固定轨道前，未确认把手方向。

预防：根据使用者的习惯，确认把手方向无误后再固定轨道。

安装过程中门扇滑落

原因：门未推到轨道中间。

预防：门插入轨道后，需将门向轨道中间推进，不要靠向两边。

厨卫门偏向一侧

原因：安装前未提前确定安装位置。

预防：折叠门安装在厨房或者卫浴间时，应该安装在门框中间。

推拉不顺畅

原因：滑轨中进入了杂物。

预防：在安装时，注意滑轨的整洁性，尤其是锯切轨道时，不要让锯屑调入其中。安装完成后，可将轨道仔细清理一遍。

家装经典案例 1

① 玻璃折叠门 ② 浅蓝色乳胶漆 ③ 米黄色仿古砖 ④ 合成壁纸 ⑤ 紫色乳胶漆

家装经典案例 2

① 木百叶折叠门　② ⑦ PVC 壁纸　③ ⑥ 仿古地砖　④ ⑤ 乳胶漆

设计须知

· 无论多大的门洞折叠门都适合，它比推拉门的适用范围更广一些。

· 常规的折叠门宽度为 450~600 毫米，高度为 199~2400 毫米，超出尺寸需定制。

· 玻璃折叠门建议搭配厚度 8 毫米以上的玻璃，隔音效果会更好。

· 折叠门比推拉门更适合公共场所，如餐厅大包中，用折叠门可灵活分成两个包房。

装饰窗

以前的窗主要起到保护安全、隔音、保温等作用，基本没有装饰效果，如塑钢窗。随着人们审美情趣的提高，窗的样式越来越多，有些不仅具有实用性，还能美化室内环境，而有些则以装饰性为主，这些窗便称之为装饰窗。

市场价格 | 连工带料价格为 300~3000 元 / 平方米。

材料性能

装饰窗具有不同于传统建筑窗的诸多特点，具体如下：

· **装饰性好。**满足实用需求的同时，具有很好的装饰效果。

· **种类丰富。**包括有多种造型、色彩和材质，可满足各种设计需求。

· **综合性能好。**其中作为建筑窗的广角窗，气密性、防水性等均非常优秀，不比塑钢窗等装饰性弱的建筑窗差。

· **满足需求。**其中的部分款式具有调节光线和灵活分隔空间的作用，可充分满足使用者的个性化需求。

材料分类及特点

装饰窗按照装饰效果可分为广角窗、百叶窗、假窗、中式仿古窗等四种类型。

名称	例图	特点	适用范围
广角窗		材质、造型多样，具有装饰性作用 可视角度大，利于采光和通风 防腐、防水、防锈，气密性佳 可按照需求定制，能增加室内使用空间	酒店、会所、办公室、住宅
百叶窗		外形简洁利落，可做隔断使用 调整叶片角度能控制光线进入量 既能够透光又能够保证室内的隐私 冬暖夏凉，阻挡紫外线	酒店、会所、办公室、住宅
假窗		墙面上的一种“窗”造型的装饰 实际不具有窗的作用，仅做装饰使用 窗扇打开后，内部通常会放一些装饰物，如壁画、壁纸、挂件、摆件等	酒店、会所、咖啡厅、餐厅、住宅
中式仿古窗		既可作为建筑窗也可仅做装饰使用 能够将现代空间装饰出中式韵味 花纹多样且具有中式古典特征 具有极佳的装饰效果	酒店、会所、咖啡厅、KTV、酒吧、售楼处、办公室、餐厅、住宅

施工及安装步骤

百叶窗安装流程：

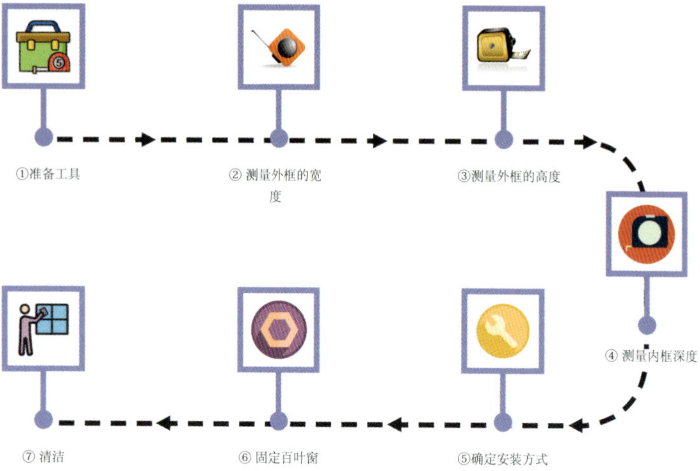

施工要点：

· 从左到右测量窗子外框的宽度，窗子上、中、下最宽的尺寸，即为外框适合宽度。
· 从上到下测量窗子外框高度，窗子左、中、右 最大的尺寸，即为外框的适合高度。
· 确定窗口深度足够百叶窗叶片自由活动，不同的百叶窗安装方式要求窗口深度也不相同。
· 根据窗户尺寸和需求确定百叶窗的安装方式，而后将百叶窗固定在适合的位置。

温馨提示

百叶窗与百叶帘不同，更换较麻烦，到场后需仔细验货再开始安装，避免返工：

（1）外观：叶片应平整、分布均匀，缝隙应一致，无掉色、脱色或明显的色差。
（2）功能：旋转调节杆叶片翻转应灵活。用力下压叶片松手，应迅速归位，无弯曲。

安装方式

百叶窗的常用安装方式有推拉式、折叠式和平开式三种。

推拉式安装

操作：百叶窗以推拉的形式安装在建筑窗的内侧，安装时除了考虑叶片宽度还要考虑产品的层数。一般两层推拉要保证叶片活动需要15厘米深度，单层需要10厘米深度。

适合：占用空间少，适于一般窗口。

折叠式安装

操作：百叶窗通常固定在窗内侧边框上明装。窗扇可完全关闭，还可折叠收起。折叠安装需要预留10厘米深度。

适合：适于做多扇窗的开启方式，一般做隔断或落地窗时采用。

平开式安装

操作：百叶窗可固定在窗内侧中间也可固定在窗内部窗框上，以平开的方式开启或关闭。

适合：适于小型窗户或者单扇、两扇窗。

施工常见问题

闭合不严

原因：材料本身问题。

预防：窗户进场后仔细验货，特别是实木类百叶窗，若变形需更换。

窗扇倾斜

原因：未找好水平线。

预防：明装的百叶窗，安装前应找水平线，并避免水平线误差过大。

实木窗变形

原因：材料本身含水率高或使用场所潮湿。

预防：实木窗进场后测试含水率，若过高可放置一段时间再安装。

家装经典案例

① 白色乳胶漆　② 石膏板造型　③ ⑤ 墙面彩绘　④ 百叶窗　⑥ 仿古砖

②
③

④
⑤
⑥

公装经典案例

① 彩绘玻璃　②④⑥ 彩绘玻璃假窗　③⑤ 砖石文化石　⑦ 大理石拼花

设计须知

· 装饰窗的款式可根据使用需求和设计需求来选择，如想加大室内采光，就可选择广角窗；单纯追求装饰感，则可选择假窗和中式仿古窗。

· 百叶窗和中式仿古窗既可作为窗使用，也可作为隔断使用。当两个对私密性要求不高的空间，如客厅和书房，中间有窗口式的结构时，就可用它们来做隔断。

13

第十三章
洁具和五金

洁具

功能性 / 装饰性五金

卫浴五金

随着审美水平的提高和消费需求的提高，在室内装饰中，人们对洁具和五金的设计美感、功能性以及科技性的要求也越来越高。

原来平淡无奇的洁具和五金，适应发展需求，样式越来越多，科技性和便利性也愈加完善。

洁具是卫浴空间中的必备品，可按照使用功能和材质进行分类；五金按照功能性可分为功能性五金、装饰五金和卫浴五金等。

洁具 室内常用洁具有洁面盆、坐便器、小便器、浴缸等；按照材质可分为陶瓷、玻璃、大理石、不锈钢等。

功能性 / 装饰性五金 功能性五金通常不外露，主要起到连接或收纳作用，如合页、篮筐等；装饰性五金指外露的五金，如把手。

卫浴五金 兼具功能性和装饰性的一类五金，既能够满足人们的使用需求，如淋浴，又能够美化空间环境。

洁具

洁具指在厨房和卫浴间内使用的各类洗漱设备，制作材料包括陶瓷、玻璃钢、塑料、人造大理石、不锈钢等。使用功能上主要包括坐便器、洁面盆、洗涤槽、小便器、妇洗器、浴缸、拖把池和淋浴屏等。

市场价格 | **连工带料价格为 200~3000 元 / 个。**

材料性能

不同作用的洁具具有不同特点，具体如下：

- **坐便器。**又称抽水马桶，以白色陶瓷材质为主，高档款式带有精美的雕花，装饰性较好。
- **洁面盆。**款式多样，装饰性强，形状有圆形、椭圆形、长方形及多边形等。
- **洗涤槽。**厨房中的主要洁具，有陶瓷、不锈钢、人造石、花岗岩等多种类型。
- **小便器。**专供男士使用的洁具，多用于公共场所卫浴间，样式较多，材质以陶瓷为主。
- **妇洗器。**一种为女性专门打造的洁具，痔疮患者也适用，多用在家居和酒店高级客房。
- **浴缸。**卫浴中的非必备性洁具，材质和款式较多，装饰性较好。
- **拖把池。**专供洗拖把的洁具，现多用于公共场所中，款式较少，以陶瓷材质为主。
- **淋浴屏。**既可保温又可维持环境整洁，款式多样，可根据空间面积大小定制。

材料分类及特点

洁具按照使用材料可分为陶瓷洁具、玻璃洁具、不锈钢洁具、人造石洁具和石材洁具等类型。

名称	例图	特点	适用范围
陶瓷洁具		款式多样，可选择范围广 有白色、彩色、彩绘等多种色彩和纹理 耐高温、表面坚硬耐磨、耐老化 不易挂上脏的污渍，易清洁	酒店、会所、咖啡厅、KTV、酒吧、售楼处、办公室、餐厅、住宅
玻璃洁具		具有其他材质无可比拟的剔透感 装饰效果时尚、现代 表面光洁度极高，不易挂上脏的污渍 需避免利器刻划和重物撞击	酒店、会所、住宅
不锈钢洁具		色彩可选择性少，多为银色 与龙头等浴室五金组合，极具现代感 耐磨、耐高温、耐潮湿、不易老化、不易腐蚀，极易清洁	酒店、会所、咖啡厅、KTV、酒吧、售楼处、办公室、餐厅、住宅
人造石洁具		人工复合材料，主料为花岗岩粉 有丰富的颜色可供选择 可以和人造石台面没有接缝地连接在一起 不耐高温和划伤，过高温度下容易断裂	酒店、会所、咖啡厅、KTV、酒吧、售楼处、办公室、餐厅、住宅
石材洁具		硬度较高，不易沾油，不生锈 耐腐蚀，吸音性好 色彩自然天成，装饰性极强 数量少，价格高	酒店、会所、住宅

施工及安装步骤

洁具安装流程：

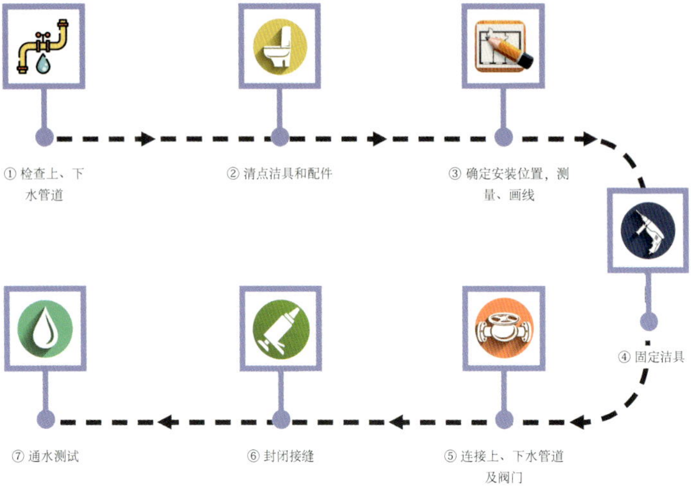

安装要点：

· 安装前需验收洁具及配件质量并清点配件、附件，查看阀门是否启闭自如。

· 洁具安装位置及标高，对各组件的相对位置应精确测量、画线，确保安装质量。

· 洁具应安装在预埋件、预留孔洞上，安装后应平稳、牢固。

· 洁具与墙面、地面的缝隙处应用密封胶填嵌。

温馨提示

对于不同类型的洁具，安装方式会略有区别，需提前对墙体等条件进行确认：

（1）材质：需挂在墙上的洁具，应提前确认墙体结构，是否能够承重和安装。

（2）距离：确认洁具与预留孔位置是否吻合，特别是坐便器和挂墙式洁具。

安装方式

不同洁具有不同安装方式，归纳起来可分为立式固定、壁挂式固定和内嵌式固定等。

立式固定

操作：将洁具固定或放置在地面或底座上。

承重：家具或地面。

适合：台上盆、分体式坐便器、连体式坐便器、独立式浴缸、淋浴屏，妇洗器、拖把池、立式小便器等。

壁挂式固定

操作：洁具的主体固定在墙面上。

承重：主要承重面为墙面。

适合：立柱盆、壁挂盆、壁挂式坐便器、壁挂式小便器等。

内嵌式固定

操作：将洁具嵌入台面或家具中。

承重：家具、地面或墙面。

适合：台下盆、内嵌式浴缸。

安装常见问题

接缝渗水

原因：与地面、墙面等连接处的缝隙未做封闭处理或封闭不严。

预防：接缝处，必须打胶密封，而后进行检验，渗水需重新处理。

设备胀裂

原因：使用了未经过滤的白灰粉来安装洁具。

预防：严禁使用未经过滤的白灰粉代替白灰膏来安装卫生洁具。

孔位差距大

原因：安装前未对洁具的孔距进行核查，坐便器较容易出现此问题。

预防：在安装前需对洁具孔距仔细核查，若无法安装应更换产品。

家装经典案例

① 陶瓷浴缸 ② 置物架 ③ 金色不锈钢条 ④ 化妆镜 ⑤ 大理石墙面 ⑥ 陶瓷台下盆

公装经典案例

① 金属吊顶 ② 水泥粉光 ③ 陶瓷台上盆 ④ 灰色防水乳胶漆 ⑤ 釉面砖 ⑥ 陶瓷小便斗

设计须知

· 在一个空间中的洁具，风格可以混搭，但需在某个方面保持一致性，如色彩。

· 没有储物台面的洁面盆，可以在墙面安装镜箱或采取内挖墙面等做法储物。

· 洁具的款式和固定方式，可结合空间的面积、给排水的位置、居室风格等多方面因素综合考虑，如小卫浴间、墙排水，更适合使用壁挂盆或壁挂坐便器。

功能性 / 装饰性五金

室内装饰工程所用五金，可分为功能性五金和装饰性五金两大类。功能性五金主要用于连接和储藏收纳；装饰性五金兼具功能性和装饰作用。总的来说，可分为木门系统、玻璃系统、移门系统、淋浴系统、家具系统和收纳系统等。

市场价格 | 连工带料价格为 50~500 元 / 个。

材料性能

不同作用的五金具有不同特点，具体如下：

- **木门系统。**适用于悬挂、锁定、控制和保护，具有装饰性，还可满足安全要求。
- **玻璃系统。**适用于连接无框玻璃与金属件，具有开关和缓冲作用，功能和款式多样。
- **移门系统。**适用于推拉门，可改善手感和安全舒适度，具有开关和缓冲作用。
- **淋浴系统。**用于玻璃与五金铰链之间的连接和承重，并具有防水功能。
- **家具系统。**具有固定、开关和缓冲作用，装饰与性能代表家具的品质感。
- **收纳系统。**使空间变得整洁，分配更合理、更灵活，避免空间内的拥挤及闭塞感。

材料分类及特点

功能性 / 装饰性五金按制作材料可分为木质五金、陶瓷五金、金属五金、矿物五金、大理石五金等多种类型。

名称	例图	特点	适用范围
木质五金		全部由实木材料制作 或由木质和金属材料组合制成 主要为装饰性五金 具有较高级的装饰感	酒店、会所、咖啡厅、KTV、酒吧、售楼处、办公室、餐厅、住宅
陶瓷五金		主体部分多为各种金属材质 装饰部分采用陶瓷制成 主要为装饰性五金 款式较多，有彩绘、纯色、冰裂纹等	酒店、会所、咖啡厅、KTV、酒吧、售楼处、办公室、餐厅、住宅
金属五金		有不锈钢、铜、铝合金等多种类型 包含功能性五金和装饰性五金 根据表面处理方式的不同具有不同效果 使用频率最高，可选择范围最广	酒店、会所、咖啡厅、KTV、酒吧、售楼处、办公室、餐厅、住宅
矿物五金		主体部分多为各种金属材质 装饰部分采用天然矿物材料制成，如水晶、玛瑙等 装饰效果典雅、华贵	酒店、会所、咖啡厅、KTV、酒吧、售楼处、办公室、餐厅、住宅
大理石五金		色泽纯正、光泽柔和 漆膜坚韧、附着力强、干燥快 防霉耐水、耐候性好、遮盖力强	酒店、会所、咖啡厅、KTV、酒吧、售楼处、办公室、餐厅、住宅

施工及安装步骤

功能性 / 装饰性五金安装流程：

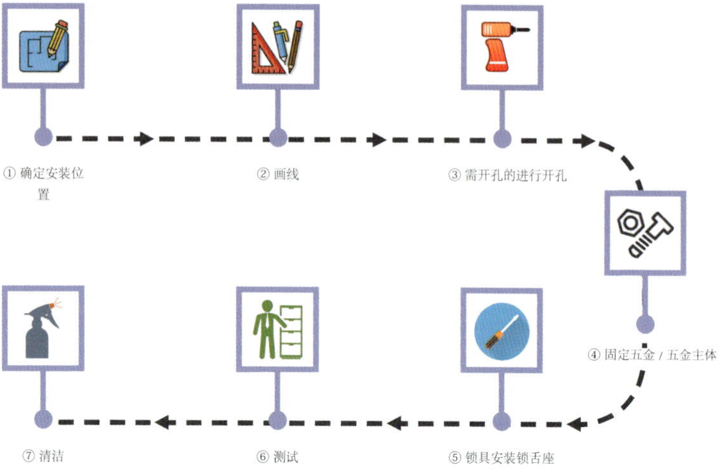

安装要点：

· 安装前确定位置，画出参考线。构造复杂的锁具，应注意部件之间的对位问题。

· 无需开孔的五金，如柜子把手，可省去开孔步骤，直接用适合的螺丝固定五金即可。

· 锁具在开孔后，需先固定锁具主体，而后再根据锁舌的位置，安装锁舌座。

温馨提示

若需安装五金的为现场制作的木门或家具，需要考虑好与油漆工施工衔接的问题：

（1）时间：五金安装时间不能过早，否则油漆工施工时容易污染五金。

（2）保护：安装五金件时，要注意不能破坏油漆工已经完成的工作。

（3）恰当做法：需要钻孔的五金，在油漆施工之前钻完孔，油漆完成后再安装。

安装方式

功能性 / 装饰性五金的安装方式可分为开孔固定、直接固定和剔槽固定三种。

开孔固定

操作：在需要安装的位置开孔，之后将五金嵌入孔内，在外部面板上用螺丝将其固定。

适合：所有锁具。

直接固定

操作：安装部位无需开孔，确定好具体位置后，用螺丝等固定件将五金固定住。

适合：外露把手、门吸、抽屉滑轨、拉篮等。

剔槽固定

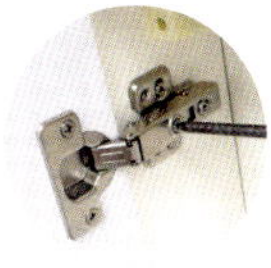

操作：在安装位置剔出下陷入安装面的槽位，将五金用固定件安装在槽内。

适合：合页、内扣把手。

安装常见问题

合页位置有偏差，合页和槽大小不一致

原因：安装前未定位。

预防：定位一定要精准，合页与槽的大小对应，深浅一致，合页的安装位置应为门高度的 1/10 左右，上下对称安装。

合页螺丝未拧紧

原因：操作手法错误。

预防：先在每个合页上下各拧一枚螺钉，然后关门检查缝隙是否一致，开启是否灵活，无误后再将其余合页螺钉拧紧。

抽屉或拉篮开合不顺畅

原因：轨道中有杂物或轨道不水平。

预防：安装轨道时，检查轨道内是否有杂物，并确保其安装的水平度。

家装经典案例

① 米白色乳胶漆 ② 装饰性金属五金 ③ 纯纸壁纸 ④ 淡蓝色乳胶漆 ⑤ PU 装饰线

④
⑤

公装经典案例

①⑤⑥ 装饰性金属五金　②实木镂空隔断　③装饰性木质五金　④薄木贴面板

设计须知

· 五金的种类繁多，大小不一，需根据不同的应用场景，选择恰当的款式，发挥其应有的功能。

· 在设计门及家具上的装饰五金时，需同时考虑装饰性和使用的便利性。

· 精致的五金才能提升整体设计的质感，在注重美观性的同时还应注重做工。

卫浴五金

卫浴五金指浴室内所使用的金属装饰品，卫浴五金多以悬挂为特点，用来放置卫浴用品、毛巾或起到放水洗涤的作用，包括龙头、花洒、各种置物架、淋浴扶手、化妆镜等，色彩以银色和各种铜色为主。

市场价格 | 连工带料价格为 50~500 元 / 个。

材料性能

不同作用的卫浴五金具有不同特点，具体如下：

- **龙头。**适用于洗漱、清洁，有很强的装饰性，款式繁多，开启方式有按压、感应、扳动等。
- **花洒。**适用于洗浴、清洁，具有装饰性，安装方式分为手提式和头顶式两种。
- **置物架。**适用于收纳物品，具有装饰性，包括洗漱用品收纳架、纸巾架、毛巾架、浴巾架、杯架、毛巾环、吹风机收纳架、皂架、挂钩、马桶刷挂件等。
- **淋浴扶手。**用于控制淋浴门的开合，也可用来悬挂浴巾，具有少许装饰性。
- **化妆镜。**用于化妆及整理仪容，具有较强的装饰性，款式繁多，多悬挂安装。

材料分类及特点

卫浴五金按材料可分为纯铜镀铬五金、不锈钢镀铬五金、铝合金五金四种类型。

名称	例图	特点	适用范围
纯铜镀铬五金		市面上的主流产品之一，样式较多 电镀可分为亮光和磨砂两种 亮光更时尚，磨砂更高级	酒店、会所、咖啡厅、KTV、酒吧、售楼处、办公室、餐厅、住宅
不锈钢镀铬五金		市面上的主流产品之一 不怕磨损，不生锈 色彩和样式比较单一	酒店、会所、咖啡厅、KTV、酒吧、售楼处、办公室、餐厅、住宅
铝合金五金		表面一般是氧化或拉丝处理，不能电镀 款式较多，装饰性较好 不怕磨损，轻巧耐用 使用时间长了以后表面光泽感会减弱	酒店、会所、咖啡厅、KTV、酒吧、售楼处、办公室、餐厅、住宅

施工及安装步骤

卫浴悬挂式五金安装流程：

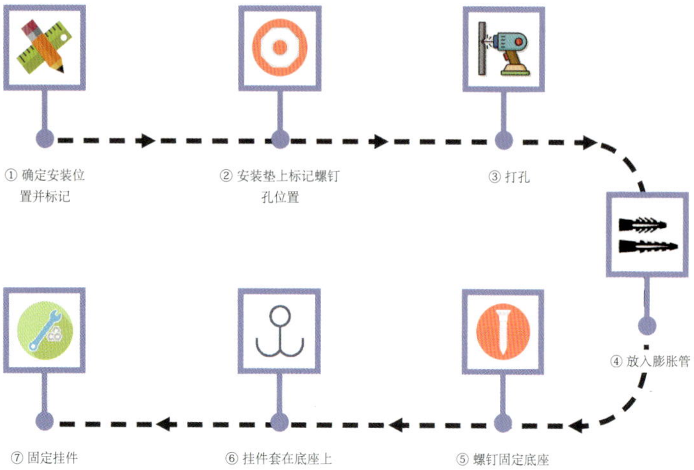

安装要点：

· 确定挂件安装位置并标注下来，应注意避开墙面管道和柱子。

· 在安装垫上标记挂件底座安装所对应的螺钉孔位置。

· 在螺钉孔标注点用电钻打孔，孔的直径需大于螺栓的直径，以便安装。

· 将膨胀管插入螺钉孔后，用螺钉固定底座，将挂件套在底座上，拧紧螺钉固定。

温馨提示

花洒也属于悬挂式五金，安装时与不接通进水管的悬挂五金略有区别：

（1）清理管道：将进水管内杂物放干净后再安装花洒，否则会被管道杂物堵塞。

（2）接进水管：在墙面打孔前，需先将花洒的入进水管接好。

安装方式

卫浴五金的安装方式有立式和壁挂式两种。

立式安装

操作：在洁面盆或台面上开孔，接通进水管后，将五金以直立的方式固定在台面或洗漱盆上，再接通排水管。

适用：立式龙头。

壁挂式安装

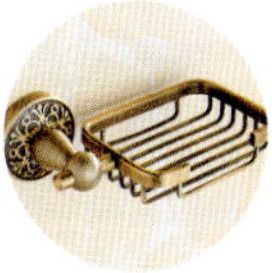

操作：在墙面或安装面上打孔，用螺钉将五金件固定在墙面或安装面上。

适用：入墙龙头、花洒、置物架、淋浴扶手、化妆镜等。

安装常见问题

高度或位置不合适

原因：未提前做规划。

预防：在安装前，应提前确定各五金件的适合高度和位置。

划伤或有污渍

原因：安装过程中不慎与硬物发生磕碰；与水泥、胶水等接触后没有及时擦拭干净。

预防：安装时做好五金件的保护工作，并注意及时清理。

水平或竖直方向外斜

原因：做标记时未使用测量工具检验。

预防：有两个以上固定点的悬挂五金，安装前做标记后，应使用水平仪等仪器进行测量，保证横平竖直。

打孔时瓷砖崩裂

原因：直接用冲击钻打孔。

预防：瓷砖比较脆弱，直接用冲击钻打孔很容易碎裂，可以用玻璃钻头先开出瓷砖的孔，再用冲击钻打水泥的孔。

家装经典案例

① 浴缸龙头　② 淋浴扶手　③ 毛巾环　④ 水龙头　⑤ 置物架　⑥ 浴缸置物架

⑤
④
③
⑥

公装经典案例

①②③⑥绿色油漆　④大理石　⑤绿色釉面砖　⑦浮雕石膏板　⑧装饰镜　⑨水龙头　⑩石材马赛克

③
⑤

⑥

设计须知

· 卫浴比较潮湿，选择五金时，应注重其防水防潮性能，其次再考虑其美观性。

· 卫浴中的五金件频繁地与人体接触，若质量不佳表面粗糙，容易对人体造成伤害，因此，表面一定要光滑、平整。高级酒店客房的装饰中，需特别注意此类问题。

· 在同一个空间中，卫浴五金建议成系列或整套选择，可以提升品质感和装饰性。

雅韵清风
四合茗苑
打造中式别墅设计

主案设计：刘中辉
执行设计：平一 王灏 陈源
项目名称：观唐中式别墅

/ 设计师简介 /

刘中辉，国际知名设计师，四合院设计院创办人。自 2001 年从业至今，获得“中国十大设计师 ”“IFI 国际室内建筑师 / 设计师联盟会员”等多项行业荣誉。作为中国室内中式设计第一人，以扎实的设计功底和多年沉淀对古典文化的造诣，打造出众多卓尔不群的优秀作品，如《九州书院》、财富公馆》等。

/ 平面图 /

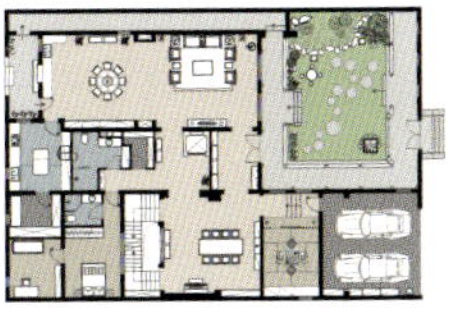

一层平面图

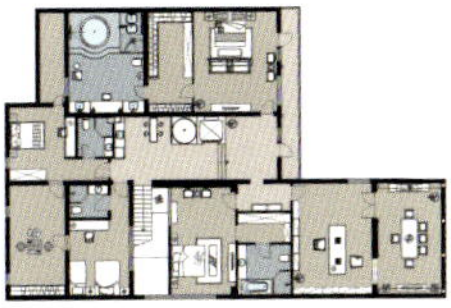

二层平面图

顶层平面图

案例简述：本案中式别墅设计在室内布置、线形、色调以及家具、陈设的造型等方面，吸取传统装饰“形”、“神”的特征，以传统文化内涵为设计元素，革除传统家具的弊端，去掉多余的雕饰，糅合现代西式家居的舒适，根据不同户型的居室，采取不同的布置。既符合现代人的生活、审美需求，又能充分体现传统中式的典雅风韵。

门厅

家居陈设的每个细节，都能看见化繁为简的精神，古朴的家居结合现代美学，彰显出一种精致而休闲的生活态度。

客厅

客厅以中式山水概念为主题，利用国画、绿植等元素丰富界面关系，同时营造人文气息。整体色调氛围灵感则源于水墨画黑与白的意境转化，桌椅组合间不仅注重与硬装的色彩及图案进行呼应，且材质选择也非常讲究，以此营造层次丰富的观感，体现空间内容性。

老人房

老人房的设计回归本心，除了满足空间功能的需求，更加注重体现家庭的温馨和惬意，在一定环境内，人需要与内心对话，当设计融入人性，家居进入情境，现代居所的低调奢华自然流露。

书房

在书房内的装饰上，使用书柜、挂画、盆栽、青瓷古玩等物，以增加其美感、静趣、雅风。即便仅方丈之室也能与朋友谈笑风生，“一杯弹一曲，不觉夕阳沉”。

主卧卫生间

卫生间的设计依然追寻古时儒雅的精神状态，空间中讲述了一种“隐”于市的生活态度：聚“富”、露“贵”、透“雅”、明“贤”。

二层水吧区

基于对传统文化元素的理解和提炼，用当代新东方的设计语境对传统元素进行全新演绎，在抽象化的几何秩序中贯穿自然流动的形态，把室内空间与“动感”自然有机地融合为一体，纳古典之灵气，藏时尚之秀美。

主卧

低调的色彩，不追求绚丽斑斓；自然的感觉，却自有一番独特体验。家具选材考究，刚柔相济，是矛盾，更是和谐。水墨画、水晶、茶具无不在彰显着极致的儒雅风范。

客房

中式风格在空间设计上讲究层次感，使用中式的屏风或窗棂、中式木门、工艺隔断、简约化的中式“博古架”，通过这种新的分隔方式，展现出中式家居的层次之美。

二层茶室

设计师用去繁从简的空间陈设方式，沉淀浮躁的心性，强调个人品位，注重生活舒适度，给人一个自然诗意存在的空间。

庭院

中式庭院讲究天人合一，光影间，庭院里，神自往，归心处。本案以“宁静致远”为布局，以“红情绿意”为基调，互相交融，借东方传统与自然之空灵清远塑造出静穆深邃的空间。

负一层棋牌室

设计师试图于一方寓所之内探寻人与自然和谐共存的新人文生活方式。通过中国传统工艺和古代文化元素的运用，在空间中营造恬静、悠然的休闲场景。

八窗玲珑 体味别有天地的中式度假酒店

主案设计：刘中辉
执行设计：平一 王灏 陈源
项目名称：漪柳茗苑

案例简述：本案中式设计度假酒店以“世外桃源”的感觉为设计思路，结合精致的古典意向，试图寻找一个平衡点，简化手法，将装饰抽丝剥茧，赋予空间一种中式本真的东方气质。构造上，运用竹、木、水、石等元素，取竹之气节、水之灵动、木之温润、石之坚韧，摒弃人为过深的印记，保留更多“自然”的韵味，旨在为访客营造轻松惬意的禅意氛围。

大厅

酒店内的装饰陈设皆是设计师精心的设计与选择，细腻之中不乏庄严的气魄。挂画、雕塑、装饰墙的图案都展示着动人古韵及典雅的中式内涵。

休息区

自助取餐区

虽然是休息区，但设计师在此块区域强调突出一种文化休闲感。与其说是一个酒店休息区域，倒不如说它更像是一个文人雅士心灵栖息的书画空间。

展示区

通过错落却层次分明的布局，将展示区各展品间化合作用扩至最大，使其从有可能的零碎交融成一个包容和谐的整体，让东方禅味充盈流转整个空间。

二层走廊

酒店在界面处理手法上整体统一，既延伸空间，又将材质的天然质感表现出来，注重大空间、大块面、小细节的设计，不仅使空间视觉效果具有强烈的张力，而且满足商业空间需求，研磨出轻松、舒适的环境氛围。

大套房

以简约中式风格为主，呈现天然、返璞归真的视觉基调，打造自然、舒心的休憩空间。将清心、悠闲的东方文化与酒店文化结合，让“回归”理念融进设计中，使人犹如置身大自然，卸下平日的负担与压力，感受宁静。

宴会区

宴会厅过道

大包间

古典大包间

在包间及宴会厅的装修上，遵循“星级”标准同时，充分研究酒店目标客户群体的审美追求及功能需要。大胆创新、精细设计，营造出格调高贵、温馨舒适、品位不凡的度假酒店包间享受。

其他空间